教育部课程思政示范课程配套教材（新形态教材）

非物质文化遗产类通识课系列教材

木活字印刷术

传统技艺与文化

王春红 著

中国轻工业出版社

图书在版编目（CIP）数据

木活字印刷术传统技艺与文化 / 王春红著. —北京：
中国轻工业出版社，2024.9

ISBN 978-7-5184-4903-3

Ⅰ.①木… Ⅱ.①王… Ⅲ.①活字—印刷术—高等职
业教育—教材 Ⅳ.①TS811

中国国家版本馆CIP数据核字（2024）第055594号

责任编辑：陈 萍 责任终审：李建华
文字编辑：王 宁 责任校对：晋 洁 封面设计：董 雪
策划编辑：陈 萍 版式设计：锋尚设计 责任监印：张 可

出版发行：中国轻工业出版社（北京鲁谷东街5号，邮编：100040）

印 刷：艺堂印刷（天津）有限公司

经 销：各地新华书店

版 次：2024年9月第1版第1次印刷

开 本：710×1000 1/16 印张：10.75

字 数：280千字

书 号：ISBN 978-7-5184-4903-3 定价：59.00元

邮购电话：010-85119873

发行电话：010-85119832 010-85119912

网 址：http://www.chlip.com.cn

Email：club@chlip.com.cn

前言

印刷术作为中国古代四大发明之一，是中华民族宝贵的文化财富。印刷术的发明，推动了文化知识的传播和整个人类文明的发展进程。木活字印刷术作为中国传统印刷术的重要组成部分，如今仍在温州瑞安东源一带有一定规模的使用，主要用于印制宗谱。2010年11月15日，以瑞安东源木活字印刷术为代表的"中国活字印刷术"，经联合国教科文组织审议通过，被列入《急需保护的非物质文化遗产名录》。因此，木活字印刷术在今天具有重要的传承价值和紧迫的传承任务。

2014年，浙江工贸职业技术学院与瑞安东源的木活字印刷术传承人合作，将这一古老的传统技艺引入学校，通过开设公选课等方式在大学生中进行传承。

"木活字印刷术传统技艺与文化"作为一门在高等职业院校开设的传统技艺课程，在做到传承木活字印刷术传统技艺的同时，注重发挥高校文化研究优势，注重对技艺相关文化知识及文化内涵的挖掘，注重与新时代背景下的高校育人需求相结合，以培养新时代的社会主义建设者和接班人。所以，本教材的内容不仅包括木活字印刷术传统技艺，还加入了与技艺相关的文化知识。

本教材共分为四部分：第一部分，作为全书的基础，主要对木活字印刷术及其相关文化知识进行总括性、背景性的介绍；第二～四部分，按照木活字印刷术传统技艺的流程，分别对其中最重要的三个环节——写字、刻字，印刷，装帧进行介绍。每个环节先介绍相关文化知识，再介绍本部分技艺所用工具及其使用方法，最后对技艺进行讲解与示范。

本教材的使用对象并非仅限于高等职业院校学生，也适用于所有对木活字印刷术传统技艺与文化感兴趣的人群。因此，本教材在编写过程中非常注重通俗性、可读性与趣味性，如在教材中加入适量历史典故，并在技艺的使用工具、每一个操作环节等部分配有详细的图解，力求形象、直观、好学、易懂。希望本教材的编写，能够展现出木活字印刷术传统技艺和文化的美妙与美好，让大家通过看到、学到的中国传统技艺和文化之美生发文化自信和爱国之情，同时也能丰富大家的精神文化生活。

最后，要衷心感谢温州瑞安东源的木活字印刷术国家级非物质文化遗产代表性传承人王志仁老师。感谢王志仁老师自2014年以来，对浙江工贸职业技术学院引入、传承木活字印刷术传统技艺给予的帮助；感谢王志仁老师在教材配套视频录制中的参与，以及在东源村拍摄时在各个方面给予的大力支持。

王春红
2024年1月

目录

第三部分
木活字印刷术印刷文化与技艺

【第一部分】

木活字印刷术相关文化知识

本部分是全书的基础和背景，旨在对木活字印刷术传统技艺及其相关文化进行一个总括性、系统性的介绍。

第一章 中国印刷术发展简史

印刷术是中国古代四大发明之一，是人类文明发展史上具有划时代意义的伟大成就。印刷术的发明有一个逐步发展、形成的过程。

第一节
印刷术的发明与传播

一、印刷术发明的背景

人类知识的传播，除了口口相传，还可以通过文字记载。在印刷术发明之前，文字传播只能依靠手工抄写。所以，写本是中国古代书籍存在时间很长的一种形式。在写本时代，很多人专门以替别人抄书为业，这些人被称为经生、书写等。

写本在中国历史上有几种主要的存在形式。秦汉时期，主要是将文字写在竹简、木简、绢帛上。写在竹简、木简上的，被称为简策；写在绢帛上的，被称为帛书。简策和帛书的出现，使文字有了载体，但二者的弊端也十分明显。简策不仅每简能够书写的字数十分有限，而且过于笨重，不便翻看、搬运；帛书虽然轻薄，但过于贵重，一般人经济上难以承担。直到纸的发明并应用于书写，才改变了中国古代文字的载体形式。相比之前的书写材料，纸具有重量轻、造价低、翻检携带轻便等优点。所以说，造纸术是中国古代科技史上一项伟大的成就，是当之无愧的中国古代四大发明之一。

随着历史的发展，人们对书籍的需求不断增长，依靠人工抄写的写本已经远远不能满足社会需求。因此，印刷术在现实社会需求的推动下登上了历史舞台。

从技术层面讲，印刷术能够出现在人类历史发展的长河中，与印章和拓印技术的启示有关。

印章是中国古代出现很早的一种刻印形式，根据使用者身份及刻印内容的不同，可以分成很多种类。例如玺印，是中国较早的印章，也是官印中的特例，一般为帝王所用，是皇权的象征。官印，由朝廷赐予各级臣僚，代表了朝廷官方赋予的权力。不同朝代的不同官位有对应形制的官印。官印大多呈四方形，上方有印纽。此外，还有吉语印，它是刻有吉祥话语的印章。吉语印最早出现在战国时期，印上的字数从最初的一个字，慢慢发展为以四个字居多，如"福寿康宁""福祚绵长"等，这些都是中国传统文化中非常受人们喜爱的祝福语。肖形印，也称为图案印，这种印章上刻的是图案，没有文字。肖形印大致出现在战国时期，刻在印上的图案丰富多样，有十二生肖、花草禽虫等。

拓印是将刻在龟甲、青铜器、石头上的文字复制下来的一种方法。秦汉时期就出现了拓印。拓印时，先将要拓印的字迹表面清理干净，再将纸平铺在字迹上面并润湿好，然后用刷子将纸抚平。等纸干后，用拓扑蘸墨轻轻拍打。等拓印的内容全部在纸背显示清晰时，将纸揭下，拓印也就完成了。

印章和拓印技术中的刻、印、拓等技艺元素，对中国印刷术传统技艺的发明起到了重要的启示和推动作用。

按照发明顺序的先后，中国印刷术主要分为雕版印刷和活字印刷两个阶段。

二、印刷术发明的意义

在印刷术发明之前，书籍只能依靠人们手工抄写，因此社会上的书籍价格昂贵且数量十分有限。当时不要说民间，就是官府的藏书也不过万卷。印刷术的发明改变了书籍的产生方式，不仅加快了书籍产生的速度，增加了书籍的数量，而且大大降低了书籍的价格，使古代社会的普通人能够有机会接触到书、有能力买得起书。所以说，印刷术的发明推动了文化由上层社会向普通民众的传播，推动了整个人类文明的发展进程。印刷术当之无愧地成为中国古代四大发明之一，也使中国成为世界上名副其实的文明古国。

此外，印刷术的发明和使用，使中国古代的很多书籍能够达到一定的数量。在历经漫长历史岁月的洗礼后，其中一部分书籍有机会流传下来，这对中国传统文化的保存起到了重要作用。而且印刷的书籍，字体整齐、统一，便于识读，大大提高了阅读的准确性、舒适性。

三、印刷术的传播

中国印刷术发明后，向东，先传到朝鲜，后传到日本及东南亚各国；向西，经中亚传到欧洲。中国印刷术在世界范围内的传播，改变了各国文化传播的方式，推动了整个人类文明的进程。传到欧洲后，对欧洲现代印刷术的发明起到了重要的推动作用。现代印刷术的发明者是德国人古登堡，他在1440—

图1-1 铅活字

1448年发明了用铅制造的金属字母活字，比毕昇晚约400年。古登堡采用机器造字进行印刷的方式，开启了现代印刷术的大门。图1-1为现代印刷术出现后制造的铅活字。

第二节
雕版印刷术

一、雕版印刷术的发明及其在历史上的使用

中国的雕版印刷技艺发明于什么时候，目前的文献和出土实物中并没有明确的记载。现在仅能依据甘肃敦煌莫高窟出土的《金刚经》刻本，知道至少在公元868年（唐咸通九年），我们的先辈就已经能够熟练运用雕版印刷技艺印制经卷了。

莫高窟坐落于甘肃省河西走廊西部的敦煌。敦煌是古代丝绸之路的重要节点城市，对东西文明的交流起到了重要作用。莫高窟与山西大同的云冈石窟、河南洛阳的龙门石窟，合称为中国古代三大石窟，是中国古代辉煌灿烂文化和艺术的重要组成部分。1961年，莫高窟被公布为全国重点文物保护单位。1987年，莫高窟作为文化遗产被联合国教科文组织列入《世界遗产名录》。

莫高窟始凿于十六国时期，一直延续到元代，开凿时间前后共计大约1000年。随着历史的发展，莫高窟逐渐荒废。直到20世纪初期藏经洞的发现，莫高窟才得以再次走入人们的视野。1900年5月26日，当地道士在清扫莫高窟的洞窟时，无意间发现了一个藏有大量经书等文物的洞窟。这个洞窟先后出土了公元4—11世纪的大量佛经写本、社会文书、法器、绢画等，有5万多件。后来，人们称这个洞窟为藏经洞。

在敦煌莫高窟藏经洞出土的众多文物中，有一件《金刚经》刻本残卷。《金刚经》全卷由6张印页粘接而成，长488cm。经卷的开始是释迦牟尼说法的图像，接下来是经文。在经卷的卷末，印有"咸通九年四月十五日王玠为二亲敬造普施"字样。刻本上的文字字形工整、笔画流畅、墨色均匀、印刷清晰，可以看出当时的刻印技艺已经非常成熟。该刻本在1907年被英国人斯坦因掠走，现藏于英国伦敦大英图书馆。

因为《金刚经》经卷卷末印有确切的刻印时间，所以它不仅是世界上现存最早自身印有明确日期的印刷品，也是中国雕版印刷术发明的有力证明。而且《金刚经》印制技术的成熟可以进一步说明，中国雕版印刷术的发明时间肯定早于公元868年。

宋代，雕版印刷术得到推广和使用，逐渐走向兴盛。当时，无论官府还是个人或书商，都十分重视印书，因此形成了中国古代印刷的三大主体：官刻、私刻、坊刻。在全国，形成了汴京（开封）、临安（杭州）、成都和建阳四大刻书中心。宋代印书的质量很高，从写版、刻版、印刷到装帧都非常精美，成为后世印书的榜样。明代已经有"一页宋版，一两黄金"的说法。发展到今天，宋版书能够流传下来的数量很少，所以非常珍贵，被称为"世界上最贵的书籍"。

清朝末年，西方现代印刷术传入国内，雕版印刷术逐渐退出了历史的舞台。

二、雕版印刷术的技艺流程

雕版印刷术传统技艺主要包括以下步骤。

1. 确定版式

版式是指书籍的版面样式，包括开本（尺寸）大小，版框及版心的样式和尺寸，排版样式，字体和字号等内容。因为每一种书籍都有自己的版式，所以根据书籍的版式需求，要首先设计、确定所需雕刻书版的样式。

2. 选择版材

根据确定好的版式，选择适合的版材。用来制作雕版的木材，需要达到很高的标准，要求纹理细腻、质地坚硬、版面平整且干燥。枣木、棠梨木、梓木等木材能够满足上述需求，但这些树木生长缓慢，所以价格较高。价格低一些的木材，因为达不到上述要求，会在一定程度上影响刻版和印刷的效果及使用寿命等。

3. 书写清样

将要印刷的内容，由专人按照设计好的版式，正向书写在纸张上。负责书写的人，一般称为写手、书手、缮工等。这些人一般具有较高的文化水平，能够识文认字，而且字写得工整、规范。清样写好后，要对内容进行校对，确保无误。

4. 清样上版

将书写好的清样反向平贴在选好的木板上，然后用刷子将清样纸张的背面轻轻刷平，使纸张完全贴合在木板上，要求纸面平整、没有褶皱。

5. 刻工刻版

由刻工将反贴好的清样按照显示的字体痕迹，逐笔进行雕刻。刻工又称镌手、雕工等，这些人大多粗通文墨，也有一些可能并不识字。因为刻工只要按照书写的字迹将字体完整地雕刻出来，所以是否识字并不直接影响刻字的最终效果。刻好的书版上面的字是阳文反字。字迹之外没有墨迹的空白部分需全部刻除干净，使其下凹。

6. 水刷上水

书版刻好后，需要印刷书籍时将书版取出，由印工用水刷蘸取适量清水进行润版，直至书版润好。

7. 下刷上墨

书版润好后，用下刷蘸取适量调好的墨汁，进行上墨。上墨时，力度要轻，将墨汁均匀地刷在书版上。

8. 宣纸上版

书版刷好墨汁后，将裁好的合适尺寸的宣纸，按照一定的手法平铺在书版上。

9. 上刷刷印

宣纸铺好后，用上刷在宣纸上面刷印，要求力度均匀，使雕刻的文字及版框等全部清晰地显示在宣纸的背面。

10. 揭起完成

将刷印好的宣纸从一侧轻轻揭起，一张书页就印刷完成了。

三、雕版印刷术的优缺点

作为中国古代印刷术的重要组成部分，雕版印刷术有着自身明确的优点：第一，一块书版刻好后，通过印刷可以使原本只有一份的书版文字变为很多份，效率远远高出手工抄写；第二，只要书版保存得当、没有损坏，可以使用很多年，反复印刷上千次，极大地节省了手工抄写的时间、人工、材料等成本；第三，书版作为一个固定的底板，在多次印刷的过程中内容不会出错，与手工抄写容易出错的情况相比，优势显而易见。

人们在使用雕版印刷术的过程中，也逐渐发现了一些缺点：第一，由于每块书版上的文字都固定不能动，如果要印刷的内容有改动，原来的书版就不能再用，只好重新雕刻，需要再次耗费木材、花费时间、聘请刻工；第二，要印刷的每页内容都单独刻一块书版，如果要印大部头的书籍，就要雕刻大量的书版，需要很大的存放空间；第三，书版在雕刻的过程中，如果出现失误，就成了废版；第四，整块书版在长期存放、反复使用的过程中，容易变形、开裂。根据上述情况，可以将雕版印刷术的显著缺点概括为费时、费工、费料等。

第三节
活字印刷术

因为雕版印刷术存在诸多缺点，所以人们尝试改进、创新，也就有了活字印刷术的发明。所以说，勇于创新、敢于创造，是中国传统文化中一直传承不变的文化基因。

一、活字印刷术的发明

沈括（1031—1095年），钱塘（今浙江杭州）人，号梦溪丈人，嘉祐八年（1063年）进士及第。沈括一生关心、热衷科学研究，在数学、物理、化学等方面都有成就。沈括晚年隐居在江苏镇江梦溪园，写成了著名的《梦溪笔谈》。《梦溪笔谈》被评价为"中国科学史上的里程碑"，书中记载了很多中国历史上伟大的科学成就。

《梦溪笔谈》卷十八记载，北宋庆历年间（1041—1048年）平民毕昇（970—1051年）发明了泥活字，且详细记载了毕昇制造泥活字并用来印刷的过程，也记载了毕昇尝试制作木活字，但没有成功。沈括和毕昇是同时代人，因此沈括记载毕昇发明活字印刷术的相关情况是十分可信的。

据文献记载，毕昇是一名书肆刻工，也就是在当时的印书作坊刻字的工匠。毕昇在长期的工作实践中，发现了雕版印刷术存在的诸多问题。他积极进行创新，经过自己的不断尝试，发明了活字印刷术。可以说，毕昇是中国古代劳动人民大胆创新、积极实践的杰出代表，也是我们后人学习的榜样。

二、活字印刷术在历史上的使用

活字印刷术发明之后，在社会上被不断改进、使用。

1965年，在温州白象佛塔第二层的墙壁中，出土了一部《佛说观无量寿佛经》残卷。这件残经因为出现了倒字及墨色印刷不均匀的现象，被专家鉴定为活字版。据考证，该残经的印刷年份在北宋崇宁二年（1103年），使用的是泥活字印刷。这件残经是世界上存世年代最早的活字印刷品，原件现保存在温州市博物馆。

元代出现了用木头制作的活字，也就是木活字。山东东平人王祯（1271—1368年），元朝大德年间在宣州旌德（今安徽旌德）做官。他在大德二年（1298年）成功试制木活字，当时刻了3万多个木活字，用来印刷了100部《旌德县志》。王祯将自己造木活字并印书的过程和方法，详细地记载在其所写的《农书》中。王祯不仅试制木活字并成功印书，还发明了转轮捡字法，即按照音韵和型号将字模排在转轮里。捡字时以字就人，大大提高了捡字的效率，降低了工人的劳累程度。

清代出现了我国历史上规模最大的木活字印书——《武英殿聚珍版丛书》。武英殿属于明清故宫的一部分，1680年康熙皇帝在武英殿设立修书处，专门负责刻书印书。到了乾隆时期，乾隆皇帝想刊刻一批书籍，因为所刻书籍数量巨大，为了节约成本，在大臣金简的建议下，采用了活字印刷术印制。当时共刻枣木活字253000多个，用这些字先后印刷了一系列的书籍，有2000多卷。书籍印好后，乾隆皇帝也深感这些书的内容珍贵、印刷制作成本高昂，所以赐名为"聚珍版"。

在中国古代印刷术中，还有一种印刷方式是套版印刷，也称为彩色印刷。最初，在元代出现的是朱墨两色套印。明朝时，技艺高超的徽州刻工发明了彩色套印，用来印刷精美的画册。套印是将一件印品分成两块及以上的印版，每块印版印刷不同的颜色，套在一起，最后印出彩色的书页、画页。彩色套印技术的出现，丰富了消费者的图书选择，也增加了读书时的乐趣和美感，是中国古代印刷技术不断创新、进步的表现。

到了近代，随着西方现代印刷术的传入，中国的活字印刷术也逐渐退出了历史舞台。

三、活字印刷术的优缺点

活字印刷术的发明是中国印刷术发展史上的一个里程碑。与雕版印刷术相比，活字印刷术具有以下优点：第一，每一个刻好的字模，可以在不同的印刷内容中反复排版、使用，提高了使用效率；第二，因为每个字模都是独立雕刻，所以刻工在雕刻过程中出现错误后修改方便；第三，雕刻活字的字坯体积很小，所以很小的木材也可以利用起来，提高了木材的使用率；第四，只要刻好一定数量的单字，就可以排版成不同内容的版面，与雕版相比节省了储存空间。所以，概括活字印刷术的优点，就是大大节省了刻字的材料、时间、人工等成本。

　　与雕版印刷术相比，活字印刷术也有自己的缺点：第一，因为活字是一个个刻好的单字，每个字模的大小并不完全一致，所以排版时会出现版面高低不平的现象，导致印刷出来的书页墨色深浅不一，影响美观；第二，如果排版时需要用到不同大小的字模，或者将文字和图案排在一起，在排版方面会存在一定难度；第三，活字刻好后平时不用，在存放时容易出现散落、丢失等问题，不利于长久保存、使用。

　　正因为上述缺点，活字印刷术发明后，虽然得到一定程度的推广、使用，但并没有在中国古代印刷史上占据主要地位，人们使用最多的还是雕版印刷术。

第二章 中国古代的印刷内容

印刷术发明后，用来印制的内容丰富多彩，下面分两部分进行介绍。

第一节
经史子集等

经史子集是中国古代印刷内容的一大部分。

经是指《诗经》《尚书》《礼记》《易经》《春秋》等儒家经典。儒家作为先秦诸子百家之一，由孔子创立，在孟子时得到发展，荀子时集大成。儒家思想受到历代统治者的推崇，提出了许多传承久远的主张，如"以天下为己任"的责任与担当，"仁义礼智信"的道德准则及"己所不欲，勿施于人"等。

史是指《二十四史》。《二十四史》记载的内容，起自公元前2550年传说中的黄帝时期，至明崇祯十七年（1644年）止，共3213卷，大约4000万字。《二十四史》是记载中国古代每个朝代的正史，记载内容的范围涉及政治、经济、军事、思想、文化、天文、地理等各个方面。

子是先秦诸子百家的文集，如道家的《庄子》《列子》和墨家的《墨子》等。

集是指一些诗歌总集或别集等，如相传由屈原创作的中国文学史上第一部浪漫主义诗歌总集《楚辞》及中国古代的民歌总集《汉乐府》等。

此外，在中国古代，随着科举制日益成为朝廷取士用人的主要方式，广大士子为了谋得功名，纷纷参加科考。为了科举考中，他们需要读大量的书，所以应考类书籍有着稳定的市场需求，而历年的考卷、押题资料等也很有销售市场。因此，科举类书籍在古代印书中也占有一定比例。

个人诗文集，也是古代印书的一部分。尤其是到了明清时期，整个社会的文化水平明显提高。江南一带的文人喜欢将自己的文集印书出版，来传播、交流个人的思想、观念，因此形成了一定的印刷市场需求。

日常生活用书，简称日用书，也是古代印书的一部分。日用书和普通百姓的日常生活紧密相连，是非常实用的书籍。印刷内容涉及日常生活的方方面面，包括历书、命相、占卜、识字书、医药、出行、话本等，满足了社会下层民众日常生活中求医问药、道德教化、休闲娱乐等多方面的需求。这类书主要由书坊印刷，因为使用者是经济承受能力低的下层民众，所以一般印刷质量不高。

经书、释像等宗教用品，也是古代印刷的一部分内容。在唐代时，雕版印刷术就用来印刷佛经、释像等。像前面讲到的出土于敦煌的《金刚经》，就是我国古代印刷宗教用品的很好证明。直到今天，在一些规模较大的寺庙中还藏有一定数量的经版，如西藏拉萨、日喀则的印经院都有藏文经版，而且还在用这些经版印经。

第二节
宗谱

宗谱是中国古代，尤其是明清之后，在中国东南一带流行的一类印刷内容，如图2-1所示。

中国人有着浓厚的宗族观念，为了凝聚族人，一姓一族非常注重修谱。尤其是处于东南沿海的浙江、福建、广东等地，宗族观念更加浓厚。这些地区一般都建有祠堂，盛行二十或三十年一修谱的传统。正因为有修谱的市场需求，所以在这些地方的农村，长期存在着一支支以为人修谱为业的谱师队伍。浙江的宗谱大多采用木活字印刷，这也是木活字印刷术能够在浙江传承至今的一个主要原因。

宗谱主要记载一个宗族的各项相关信息，一般包括谱序、字辈表、世系表，有的还包括祖先像、先贤传记、族规祖训等内容。所以，宗谱对一个宗族的脉络延续、传承发展非常重要。此外，宗谱也是一种十分重要的文献，是历史学、人口学、社会学等进行研究的重要资料。

每本宗谱基本都有谱序，一般介绍本姓宗族的姓氏来源、迁徙经历、族中重要事件等，如图2-2所示。如果宗族延续时间久远，宗谱经过多次修订，还会有多篇谱序。因为每次修谱时基本都会重新作序，而且会将之前的旧谱序收入。谱序一般放在宗谱的最前面。

图2-1　宗谱

图2-2　宗谱中的谱序

字辈表是一个宗族用来记载、区别族内成员辈分高低和先后的文字，表中的一个汉字代表这个宗族中的一辈，如图2-3所示。字辈表一般放在宗谱的前面，由宗族的族长等重要人物集体讨论决定。字辈表的存在形式比较多样，有字辈诗、字辈歌、字辈联等。原来字辈表的字数快用完时，由族中的负责人提前商定好新的字辈表，以保证脉络传承延续不断。

图2-3　宗谱中的字辈表

世系表是族谱的主要内容，占了族谱的大部分，是一姓宗族一代代传承延续的脉络图，如图2-4所示。在古代，受重男轻女观念的影响，世系表中仅有族内男性成员的相关信息。整个图表像一棵枝繁叶茂、倒立生长的大树。世系表的编排一般常用的方式有两种，人们称为欧式和苏式。

图2-4 宗谱中的世系表

欧式，由北宋文学家欧阳修创立。欧阳修（1007—1072年），江西永丰人，北宋仁宗天圣八年（1030年）进士及第，谥号文忠，所以人们习惯称之为欧阳文忠公，是"唐宋八大家"之一。欧阳修的诸多成就之一是开创了民间修谱的先河，并写下了《欧阳氏谱图序》，这部作品成为后代修谱的范例。欧式族谱的特点是采用横式谱，将一世的宗族成员放在一个横格内，每页五个横格，民间称为五世谱。谱上每个成员名字的左侧，详细记载这个人的生卒年月、字、号、子嗣、娶葬、功名等信息。

苏式，由北宋文学家苏洵创立。苏洵（1009—1066年），四川眉山人。苏洵一生科举无名，但他的两个儿子苏轼和苏辙却同年考中进士，后人将父子三人合称为"三苏"，并一同列入"唐宋八大家"。苏洵一生的成就主要在文学和谱学方面，他创立的苏式谱例一直沿用至今。苏式族谱的特点是竖向直线排列，一代代排列下去，在每个人名的下面写有生卒年月、仕宦、行迹等内容。

祖先像和先贤传记是部分宗族的族谱中存在的内容，如图2-5和图2-6所示。这二者的精神实质比较相似，都是为本姓宗族中的始祖、始迁祖、有功名成就的人画像或写传记。这些祖先像和先贤传记在标榜或颂扬功绩、德名的同时，主要是为了教育、激励族中的后来子弟，以保证族中"代有才人出"，宗

图2-5　宗谱中的祖先像

图2-6　宗谱中的先贤传记

族能够持续昌盛下去。

族规祖训是很多宗族的族谱中都存在的内容，如图2-7所示。作为一个宗族，尤其是那些枝繁叶茂的著姓大族，为了实现宗族的有效治理并确保传承久远，都会制定本姓宗族的族规祖训，以从为人、处事、为官等诸多方面规范、约束族人的言行。

图2-7　宗谱中的族规祖训

中国古代的印书机构

在中国印刷术漫长的发展过程中，根据刻书、印书主体的不同，一般分为官刻、私刻、坊刻三大部分。

一、官刻

官刻是指由各级官府出资或主持刻印，根据出资主体的不同，主要分为中央刻书和地方官府刻书两类。官刻的书籍主要包括经史子集等正书及与国计民生有关的书籍，如医药、农业书籍等。因为在中国古代有编修志书的传统，所以官刻书还包括各种志书，如省志、县志等。志书一般记载这个地方的主要相关信息，如历史沿革、山川、物产、风俗、人物、名胜等内容。因为经费充足，官刻一般具有成本高、刻版精良等特点。

中国历史上有名的官刻本之一是宋代的监本，它是由国子监负责刻印的书籍。国子监作为宋代的最高教育机构，不仅刻书数量多，而且刻书内容十分广泛。到了明代，国家非常注重文化教育，并且认为进行文化教育最重要的方式是建立学校。大量学校的建立使教学用书需求规范化、规模化，进而催生了书籍市场的现实需求和推动了印刷业的发展。

在中国古代的官刻书中，还有一些比较特殊的刻书印书类型，如内府刻本、藩刻本等。

内府刻本是指明代宫廷出资刻印的书籍。明朝永乐年间，明成祖下令刻印一些儒家经典类的图书，主要供给宫内的太监及皇室成员等人员学习使用，同时也将其中的一部分颁赐给全国。当时所刻的书籍具有书品阔大，也就是版框、字体大，非常醒目、易读等特点，而且这些书都是选用上等的纸墨，制作非常精良，属于古代印书中的精品。

藩刻本是由藩府出资刻印的书籍。朱元璋建立明朝后，为了巩固自己的统治，将诸子分封到全国各地为藩王。所封的藩王都组建有自己的藩府。为了让诸子能够齐心效忠明王朝，朱元璋颁赐给诸子很多书籍，包括经史子集、诗词歌赋等。在众多的藩王中，有一些非常热衷于学问，因此兴起了自行出资刻书的风潮。因为藩府刻书资金充足，对刻本质量要求高，所以刻出的书大多版本精良。

二、私刻

私刻是指由私人出资刻印。一些人出于纪念、传布、留名等目的，会个人出资刻印自己的诗集、文集或所推崇的前贤的书籍等。个人刻书大多讲究刻印的质量，追求刻印精美及个人特色。但也有一些私刻书籍因为资金限制，刻印质量一般。

中国古代出现了很多有名的私人刻书，如清代的徽州出现了一大批有名的刻书家。由于徽州多山少田的客观生存环境，徽州人多外出从商。徽商经过努力，在经济上成为大商之后，一般具有因商入仕的传统，这一现象形成了中国历史上的儒商文化。徽商因为拥有强大的经济实力，所以他们往往不惜成本地刊刻祖先及自己的著作。

三、坊刻

坊刻是指由书坊出资刻印。古代的书坊一般兼有刻书、印书、卖书等多种功能，所以坊刻书是一种以营利为目的的商业性刻书。书坊为了追求经济利润，往往通过各种方式降低刻印成本，因此坊刻书不仅在选纸、用墨等方面的质量要差一些，而且刻书的书版大多采用软木，每页的排版行数和字数大大增多。因此，坊刻一般在质量上难以与官刻、私刻相比。

在中国古代，形成了很多有名的坊刻中心。例如福建，一般称古代福建书坊的刻本为闽本。闽本书具有刻书量大，行销天下，但刻书质量不佳的特点。闽本书还可以细分为建阳本、麻沙本、四堡本等。

第四章

瑞安东源的木活字印刷术

　　木活字印刷术作为中国印刷术的重要组成部分，今天在浙江温州瑞安东源一带还有一定规模的使用。

一、瑞安东源

　　东源，古称东岙，是浙江省温州市瑞安市的下辖村，位于温州第二大水系——飞云江下游。飞云江古名瑞安江，也是浙江省第四大水系，发源于景宁畲族自治县洞宫山的白云尖，自西向东流经泰顺、文成，最后在瑞安流入东海。"岙"是中国东南沿海一带常用来作为地名的一个汉字，意思是山间平地。东源村正是位于浙南山区的一个安静、美丽的小村落。

　　2002年，中央电视台《发现之旅》栏目拍摄了东源村的木活字印刷术传统技艺，使这个小山村一时间引发了世人的关注。20多年来，东源村在木活字印刷术传统技艺的传承方面不断努力，先后建立了木活字印刷术展示馆老馆、新馆，向前来参观、交流、学习的人们展示、传承木活字印刷术传统技艺与文化。东源村也成为中国名副其实的木活字印刷文化村。

二、东源王氏家族

　　东源村掌握、传承木活字印刷术传统技艺的人群主要集中在王氏家族中。据该族的《太原郡王氏宗谱》记载，王氏家族原来祖居河南，唐末五代时因为战乱避难南迁到福建泉州安溪。该家族在福建繁衍至元朝王法懋一代时，开始利用木活字印制宗谱，开启了传承至今的木活字印谱事业。

　　随着王氏家族的不断壮大，一批家族成员北迁。明朝时迁到温州平阳，清朝时迁到瑞安。在瑞安东源，王氏家族将这项古老的技艺传承至今，已经有800多年的历史。东源村也成为中国木活字印刷术完整保存和至今仍有一定使用规模的地域。

三、瑞安东源木活字印刷术传统技艺

木活字印刷术能够在瑞安东源一带传承至今的一个主要原因，是包括瑞安在内的中国东南沿海一带明清以来盛行修谱的传统。在历史上，基于战乱等不同原因，东南沿海一带多移民。这些宗族为了能够更好地生存和发展，需要将族人凝聚在一起，依靠集体的智慧和力量生存下去。修谱就是凝聚族人的重要方式之一。因此，一直以来在东南沿海一带盛行二十或三十年一修谱的传统。因为宗谱的印制数量不多，一个宗族一般只印几套，所以利用活字印刷可以节约成本。此外，我国东南沿海一带气候湿润多雨，非常适合选用木材制作活字，所以木活字印谱一直在东南沿海一带盛行。

在文化知识并不普及的古代社会，很多普通百姓并不识文认字，所以对于能够识文墨、懂印刷技术、会制谱的从业者非常尊敬，称制谱者为谱师。传统社会的谱师群体一般都是兼职印谱，他们平时忙于农业等生计，农闲时为人印谱。尤其是温州"七山二水一分田"的生存条件使他们仅依靠农业难以生存下去，所以农闲时就挑起制谱担子，四处走村串户地上门为人修谱。在东源谱师队伍中，逐渐形成了一些以家族为单位的修谱队伍，其印谱业务的地域范围遍及温州及其周边一带。

东源谱师掌握和传承的木活字印刷技艺，与文献记载基本一致，是活字印刷术发明于中国的最好证明，具有极高的历史文化价值。

东源的木活字印刷术引发关注后，为了保护好这一传统技艺与文化，从政府到社会等不同层面共同努力，积极进行申遗保护。木活字印刷术的整个申遗过程如下：2007年2月，列入第一批温州市非物质文化遗产名录；2007年4月，列入第一批瑞安市非物质文化遗产名录；2007年6月，列入第二批浙江省非物质文化遗产名录；2008年6月，列入第二批国家级非物质文化遗产名录；2009年，国家以瑞安东源木活字印刷术为代表将"中国活字印刷术"向联合国教科文组织申报非遗名录；2010年11月15日，经联合国教科文组织保护非物质文化遗产政府间委员会第五次会议审议通过，成功入选《急需保护的非物质文化遗产名录》。

木活字印刷术写字、刻字文化与技艺

木活字印刷术传统技艺是一套非常复杂的流程，本教材只选取这套技艺中非常重要的三个环节进行讲解。按照流程的顺序，本书的第二～四部分依次对其中的写字、刻字环节，印刷环节，装帧环节进行讲解。

本部分首先对整个技艺的基础——写字、刻字环节进行讲解。

第五章

汉字的相关文化知识

汉字，又称为方块字，是一种由图画逐渐演变而来的表意文字，也是迄今为止世界上持续使用时间最长的文字。汉字的发明和使用，对中华文明的延续、传承、传播起到了非常重要的作用，对周边国家的文化发展也产生了一定的影响。汉字作为中华民族宝贵的文化财富，在自身发展的过程中形成了很多重要的文化知识。

第一节
汉字的演变历史

汉字作为世界上最古老的文字之一，传承使用至今已有5000年左右的历史，经历了一个漫长的发展演变过程。

一、甲骨文

甲骨文是指刻在龟甲或兽骨上的文字。这些甲骨主要出土于河南安阳西北部以小屯村为中心的地域，目前大概出土了15万片。这片地域是商朝后期的统治中心，商王盘庚在约公元前14世纪将都城迁到这里，此后商朝延续统治了273年。商朝灭亡后，这里也就逐渐荒废，因为商朝后期又称为殷朝，所以人们把这里称为殷墟。

殷墟自1899年发现甲骨文后，引起了国家的高度重视。1928年开始，国家对殷墟遗址进行了历时10年的考古发掘，发掘范围包括宫殿、宗庙、王陵、祭祀坑等遗址，期间出土了大量的甲骨文、青铜器、玉器、骨器、石器、陶器等珍贵文物。殷墟遗址的发现及大量珍贵文物的出土，向世人展示了商朝后期中华文明的发展样貌，具有重要的考古和文化价值。

甲骨文的出现与中国古代商时期的占卜文化有关，所以甲骨文又称为卜辞。商时期的统治者出于"万物有灵"的观念，遇到一件事情需要做出选择时，就会借助各种方式进行占卜，龟甲或兽骨就是其中一种占卜工具。天然的乌龟腹甲和牛的肩胛骨要经过处理才能用来进行占卜，如乌龟腹甲要将边缘部分磨治整齐，并进行人工钻凿；牛的肩胛骨要用火慢煮，防止发臭。

商时期的统治者进行占卜的内容非常广泛，包括战争、天象、营建等。当时的占卜工作由专人负责，他们根据龟甲被烧灼后的裂纹来判断占卜结果，并把占卜的时间、事件及结果记录到龟甲或兽骨上。商时期的占卜行为具有一定的迷信色彩，但当时刻在龟甲或兽骨上面的这些符号成为了中国最早的文字。

国内最先发现甲骨文的是中国近代金石学家王懿荣（1845—1900年），他被称为"甲骨文之父"及甲骨文收藏第一人。王懿荣在光绪二十五年（1899年）因生病买到一味被称为"龙骨"的药材，无意间发现了上面人为刻画的符号。他通过研究，最终确定这些符号是殷商时代的图形文字，将其命名为甲骨文。甲骨文的发现，把汉字的发展历史推进到殷商时期。

近代对甲骨文进行研究的著名学者有四位，分别是罗振玉（1866—1940年，号雪堂）、王国维（1877—1927年，号观堂）、郭沫若（1892—1978年，字鼎堂）、董作宾（1895—1963年，字彦堂）。因为他们的字号中都带有一个"堂"字，所以人们合称他们为甲骨四堂。罗振玉不仅自己收藏有一定数量的甲骨片，还撰写了《殷墟贞卜文字考》。王国维在罗振玉的影响下研究甲骨文，将甲骨文字真正运用到学术研究中。郭沫若对甲骨文、金文都有研究，撰写了《甲骨文字研究》《卜辞通纂》等专著。董作宾多次参加河南安阳殷墟的考古发掘，创立了甲骨断代学，撰写了《甲骨文断代研究例》。

温州近代学者孙诒让也对甲骨文有研究。孙诒让（1848—1908年），浙江瑞安人，清末经学大师，同治六年（1867年）考中举人。孙诒让曾专心研究古文字，所著《契文举例》是我国第一本专门考释甲骨文的研究著作，他被誉为系统研究甲骨文字的第一人。

经过学者们的不懈努力，目前已经收集到的甲骨文单字4000多个，能够被解读的有1000多个。安阳殷墟甲骨文的发现，也成为20世纪中国轰动世界的四大发现之一。1961年，殷墟被列入第一批全国重点文物保护单位。2006年，联合国教科文组织第30届世界遗产大会宣布，殷墟被正式批准列入《世界遗产名录》。

二、金文

金文是中国古代商周时期刻在青铜器上的文字。商周时期的统治者需要记录重要的事情时，如要记录在位者的功绩或者当时发生的祭祀、征战、盟誓等重大事件，都会铸造一件青铜器，并将铸造这件青铜器的时间、原因等内容刻在上面。当时铸造的青铜器基本都是礼乐之器，如礼器中的鼎、乐器中的钟，所以金文又称为钟鼎文。目前，已经收集到的金文单字有3000多个，大部分能够解读。

三、小篆

秦始皇统一六国、建立秦朝后，看到之前各国的文字并不统一。为了适应统治的需要，他在原来秦国文字大篆的基础上规定了一种统一的字体，就是小篆。小篆的出现，是秦始皇统一中国后在文化方面施行一统措施的重要体现。小篆的使用和推广，对中国汉字的规范化发展起到了重要作用。

四、隶书

隶书是汉朝时使用的一种字体，人们习惯称之为汉隶。汉朝建立后，为了书写的便捷，对字的笔画进行了改进，将小篆匀圆的笔画演变得方正平直。隶书是汉字发展史上的一个重要时期，为后世字体的发展奠定了基础。

五、楷书

楷书是由隶书发展演变而来的，其笔画变得更加平直、简化，因其是字形端正、横平竖直的规范字体，所以被称为楷书，又称为正书。楷书从汉朝末年一直使用至今。这也很好地解释了为什么中国的汉字被称为方块字。

六、简化字

简化字是在楷书的基础上进行简化的汉字，也是现在人们使用的汉字。汉字自发明后，在漫长的发展过程中一直处于不断简化、趋于规范的状态。中华人民共和国成立后，为了纠正社会上存在的汉字简化、使用混乱的情况，从

1956年开始对汉字进行统一简化。1964年，制定了《简化字总表》。1986年，确定了《简化字总表》的最终版本。

七、木活字印刷术传统技艺传承的老宋体字

老宋体字也被称为印刷体。随着印刷术的发明和使用，宋朝时为了适应印刷的需要，开始出现一种字形方正、结构匀称、横平竖直的比较工整、规范的字体，也就是人们常说的宋体字。发展到明朝时，这种印刷字体日益规范，不仅笔画棱角分明，而且日益变得横轻竖重、横竖笔画对比鲜明，成为一种更加适合印刷的规范字体，也就是明体字，但人们仍然习惯称之为老宋体字。这种字体因为书写规范，大大降低了刻工刻字的时间，减少了出错的机会，提高了刻字效率，也方便了人们的阅读。

第二节
六书

六书是指汉字的六种造字方法，一般指象形、指事、会意、形声、转注、假借。"六书"一词，最早由东汉许慎在《说文解字》中提出。《说文解字》是中国最早的汉字字典，对汉字的字形、字源等进行了研究。

一、象形

对于什么是象形，《说文解字》中解释为："象形者，画成其物，随体诘诎，日月是也。"意思是按照事物的样子，抓住它的典型特征，然后画出对应的图画。人们看到画出的形状，就能够了解所要表达事物的意思。象形是中国汉字最早的造字方法，造出的字一般字形比较简单，基本都是独体字。今天发现的甲骨文、金文，大都是独体的象形字。

象形字因为处于中国汉字发展的初期，字形简单，所以能够表示的事物和意思非常有限。随着社会的不断发展，人们需要记载的事情越来越多，想要表达的意思越来越复杂，仅有简单的象形字已经难以满足人们记事、表意的需

求，所以在象形的基础上逐渐衍生出其他几种造字方法。

二、指事

对于什么是指事，《说文解字》中解释为："指事者，视而可识，察而可见，上下是也。"意思是看到这个符号，就能够知道所要表达的事物，但要经过仔细观察才能真正理解它的含义。指事字也处于中国汉字发展的初期阶段，所以一般多是独体字。

三、会意

对于什么是会意，《说文解字》中解释为："会意者，比类合谊，以见指撝，武信是也。"意思是把两个同类的事物或意思放在一起，表达一个新的含义，所以会意字属于合体字。

四、形声

对于什么是形声，《说文解字》中解释为："形声者，以事为名，取譬相成，江河是也。"意思是取事类作为形旁，再取一个相同或相近的字作为声旁，共同组成一个新字，所以形声字也属于合体字。

五、转注

对于什么是转注，《说文解字》中解释为："转注者，建类一首，同意相受，考老是也 。"意思是部首相同、字义相同、读音相近的字，可以在字义上互相解释。

六、假借

对于什么是假借，《说文解字》中解释为："假借者，本无其字，依声托事，令长是也。"意思是借用已经存在的同音或近音的字，来表示想要表示的字的含义。

【第六章】 笔墨纸砚的文化知识、选择和使用

在中国古代文人的书房中，笔、墨、纸、砚四种书具合称为文房四宝。文房四宝的发明和使用，对中国传统文化的传播和发展起到了重要的推动作用。

在传统文献中，有很多关于书具及其相关文化的记载，如皇帝通过御赐大臣笔墨纸砚的方式，来表彰其在文化方面对国家治理做出的贡献。古代统治者的这种做法，一方面表明了君主对于文化人才的重视，另一方面也起到了引导世人学习文化知识的作用。在中国民间，一直有亲朋好友间互赠笔墨纸砚等书具的传统，这展现了中华民族尊重和崇尚文化的良好风尚。此外，在中国古代，人们对于书具也十分尊重和珍视，很多地方都有敬惜字纸的风俗。

书具自身也有一个发展和演变的历史过程，形成了丰富的文化知识。本章各小节将分别介绍笔、墨、纸、砚的相关文化知识，并结合本教材同名课程的教学需要，介绍四种书具的选择、使用方法和注意事项等。

第一节
笔的文化知识、选择和使用

文房四宝之一的笔指毛笔，它是一种由中国发明的传统书写工具。毛笔一般用动物的毛捆扎在笔杆上制成，非常适合中国汉字的书写需求。

一、毛笔的文化知识

毛笔究竟起源于什么时候，由谁发明创造，在历史文献中并没有确

切记载。自古以来，流传着一个"蒙恬造笔"的传说，蒙恬也被后人尊奉为"笔祖"。

蒙恬是秦朝时一位著名的将领，相传他在给秦王写战报时就已使用自己发明的毛笔。其实，并不一定真的是蒙恬发明了毛笔，但可以肯定的是，蒙恬对毛笔的发明起到了一定的推动作用，所以人们才用"蒙恬造笔"的传说纪念他对毛笔发明做出的贡献。

传说之外，据考古学家根据出土文物推断，在新石器时代就已经出现了类似毛笔的书写工具。考古的具体证据，是在出土的彩陶上出现了用类似毛笔的工具描绘的图案。

秦朝时，因为统一文字等文化举措的实施推动了毛笔的发展，开始出现兽毛加竹管的基本毛笔形制。最初，是用笔杆夹住兽毛，外面用麻线缠住使用。后来逐渐将笔管的一头挖空，将兽毛嵌进去，再用胶黏住，这就成为了今天毛笔的形制。随着历史的发展，制笔工艺不断进步，逐渐出现了用不同兽毛制成的毛笔。在满足书写实用需求的基础上，人们还对笔杆进行雕刻装饰，增加了欣赏和收藏价值。

毛笔作为中国传统的书写工具，在发展的过程中也衍生出很多相关的文化，如始于汉代的簪笔。当时文官上朝需要随时书写记录，所以会时刻将毛笔带在身边，簪在发冠上。后来这种笔逐渐演变成一种仪式感很强的装饰，人们将一支未曾蘸墨汁使用的新笔插在官帽上，以示自己的文官身份。这一做法慢慢地演化为一种社会风俗，一般的世人也会用笔代替发簪插在头上。簪笔文化的出现，反映了中国古代重视文化、推崇读书的良好风尚。

南朝的梁元帝特制了一种三品笔，就是用三种不同材料制成的毛笔，来分别记录不同类型的人的事迹。其中的金笔，笔管用金子制成，用来记录忠孝两全的人；银笔，笔管用银子制成，用来记录德行高尚的人；斑竹笔，笔管用斑竹制成，用来记录才华横溢的人。梁元帝以笔区分记人的方法，是一种别出心裁的创意，是中国古代帝王对嘉言善行等正向道德、文化力量的推崇，对中国古代的国家治理和社会风尚起到了重要的引领和推动作用。

与毛笔相关的典故还有"江淹梦笔"与"江郎才尽"。江淹是南朝有名的文学家，少年时就盛名在外，后入朝为官。随着年龄的增长，江淹的才华逐渐衰减。其中的原因，相传是江淹一次做梦时，梦到一位仙人将曾经寄存在他身上的毛笔拿走，导致其才华尽失。实际真相应该是江淹随着名望和地位的增加，人也变得浮躁起来，没有再像之前一样努力学习。

二、毛笔的选择和使用

人们在长期使用和制作毛笔的过程中，对如何选择和评价一支毛笔，逐渐总结出所谓的"毛笔四德"，就是一支好的毛笔应该具备的四种优良品质，即笔头要尖、齐、圆、健。尖，指笔毫尖锐，如锥状；齐，指笔毛铺开，锋毛平齐，如刀切；圆，指笔头圆润饱满；健，指笔锋富有弹性。

毛笔根据笔毛的不同，有优劣之分。其中，最好的是紫毫笔，也就是兔毫笔，其笔毛仅选取野兔脊背上的两行箭毛。因为数量少，所以有紫毫笔价贵如金的说法。稍次于紫毫的是羊毫，再次的就是狼毫。其他动物的毫毛大多作为配料，用于辅助制笔。

毛笔根据笔毛软硬程度的不同，可以分为软毫笔、硬毫笔和兼毫笔三种，以满足不同的书写需求。软毫笔，弹性较小，笔性柔软，如羊毫笔；硬毫笔，弹性好，毛质硬，笔力刚健，如狼毫笔；兼毫笔，笔性介于软毫笔与硬毫笔之间。在"木活字印刷术传统技艺与文化"课程中，学生使用的毛笔一般是小号兼毫笔。

一支毛笔从上到下由笔顶、笔管、笔斗、笔腔、笔头五部分组成，如图6-1所示。笔顶依次包括挂绳、笔纽、笔冠三部分；在笔管部分，依次写着品牌、笔名、规格等信息；笔斗的内部为笔腔，藏有笔根；笔头位于毛笔的最下端，依次分为笔根、笔腰、笔锋、笔端。

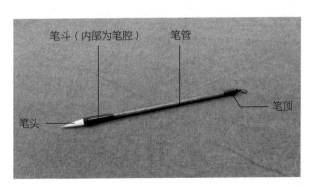

图6-1　毛笔

在写字环节，要注意写字时的坐姿和持笔手法。

写字时，要端坐，上半身背要直、肩要平、头要正，视线平落在书法纸落笔的位置，双臂打开，自然平放于桌面；下半身双腿要分开，宽度与肩宽差不多，双脚自然平放于地面。

持笔时，手握笔管的位置要靠下，做到"五要"：手腕要平，手掌要竖，掌心要虚，手指要实，笔管要直。五指的具体握笔指法依次为：拇指按住笔管内侧，食指压在笔管外侧，中指钩住笔管外侧，无名指、小指依次抵住笔管的内侧，五指将笔管握紧、握牢，如图6-2所示。

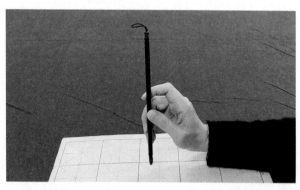

图6-2 毛笔的持笔手法

第二节
墨的文化知识、选择和使用

作为文房四宝之一，墨的发明和使用大大推动了中国的文字书写和文化传播。

一、墨的文化知识

墨最初是一种矿物质，在原始社会就被用来书写。例如在出土的新石器时代器物上，就发现有用墨书写的痕迹，此外还出土了研磨的工具。在甲骨文中，也发现了用墨书写的文字。

西周时，相传邢夷发明了人工制墨。当时用墨书写的文字，很多经考古发掘得以发现，如中国现存最早的用墨书写的实物——侯马盟书。侯马盟书是1949年以来中国考古发现的十大成果之一，是国宝级的文物。侯马盟书于1965—1966年发现于山西省侯马市秦村，是5000多片写有文字的玉片。文字内容记载的是春秋时期各个诸侯国之间进行的订盟誓约，所以被命名为盟书。上面的文字据考古专家考证就是用毛笔书写的，而且笔画流畅，现藏于山西省博物院。

秦朝时，制作的墨多为墨丸，使用时要在砚台上用研石进行压磨。因此，当时砚台的砚窝都比较深，方便研磨墨丸。因为这种墨丸使用非常不便，所以到东汉时，人们发明了可以直接用手握住研磨的墨条。

南北朝时期，制墨工艺继续发展，主要是在材质方面发生了很大的变化，以松树枝干烧制而成的松烟墨取代了天然的石墨。松烟墨是以粗壮、高大的松树烧成的烟灰为原料制成的。宋朝时，出现了油烟墨，并逐渐取代了松烟墨。油烟墨是以植物油、动物油等烧成的烟为原料制成的。

在墨发明、改进、使用的长期历史过程中，也衍生出很多的文化典故，如书圣王羲之的故事。王羲之（303—361年），琅琊人（今山东临沂人），做官至右军将军，所以人们一般称之为王右军。永和九年（353年），王羲之和朋友在会稽兰亭雅集，写下了名垂至今的《兰亭序》，王羲之也被世人尊称为书圣。王羲之的成就，一方面与他出身世家名门的家学传承有关，另一方面更与王羲之本人的勤学苦练有关。至今传说的王羲之墨池的故事有两处，一处在江西抚州，一处在浙江温州，相传都是王羲之洗毛笔的地方。王羲之因为勤于练习，洗下的墨汁将池塘的水都染黑了。人们直至今天之所以还在传颂墨池的故事，除了有对大书法家王羲之的尊敬、怀念，更主要的是对其刻苦练习书法精神的推崇。这也是在世代传承着的一个朴素的道理，就是做任何事情都要认真付出，才会成功。

清代时，出现了中国历史上最早的墨汁——一得阁。一得阁相传由清朝同治年间进京赶考的湖南文人谢崧岱发明。谢崧岱在参加科举考试时，切身感受到研磨墨汁非常耗费时间，耽误考试答题的速度，所以经过反复试验发明了墨汁。墨汁的发明，改善了中国古代毛笔书写的方便程度，推动了中国古代文化的发展和传播。

墨在长期生产和使用的过程中，也出现了一批制墨名家和名墨。例如清代的曹素功、汪近圣、汪节庵、胡开文等人都是制墨能手，都打造了属于自己的制墨品牌。以曹素功为例，曹素功（1615—1689年），安徽歙县人。他早年一直参加科举考试，但都未能得中，后来回到家乡开始制墨，并将制墨技艺在子孙中一代代传承下去，共延续制墨事业300多年。相传康熙南巡时，曹家进献的墨锭受到肯定，被御赐为"紫玉光"。

古代制的墨，除了普通的实用墨，还有一些观赏墨、收藏墨。这类墨一般围绕一个主题，是一套形态不一、绘有图案、题有文字的墨，也就是所谓的套墨。例如清代胡开文制作的御园图集锦墨，共有64锭，每锭墨的形状模仿清宫的一处建筑，精美绝伦，具有很高的收藏、鉴赏价值。古人在制墨时，有时还会加入朱砂、麝香等，来增加墨的香气和色泽。这样制出的墨，不仅香气袭人，而且色泽明艳。

二、墨的选择和使用

今天人们用毛笔进行书写时，选用的都是墨汁。"木活字印刷术传统技艺与文化"课程在写字和印刷环节，选用的是一般浓度的墨汁。

在使用时，因为墨汁有沉淀，所以打开瓶盖前，先拿起墨瓶轻轻摇一摇。墨汁摇匀后，打开瓶盖侧边的小盖，用多少倒多少，避免浪费。墨汁倒好后，及时将瓶盖盖好，这样不仅防止墨汁挥发，而且防止墨瓶翻倒、墨汁倾洒。

第三节
纸的文化知识、选择和使用

造纸术与火药、指南针、印刷术，合称为中国古代四大发明。纸的发明和使用，使人们拥有了物美、价廉、易得的便于书写的材料，为人类文明的传播和文化的进步做出了巨大贡献。

一、纸的文化知识

纸作为文房四宝之一，具体发明于何时，并没有确切的历史文献记载。据现有的考古发现成果推测，纸的发明大致是在秦汉时期。

东汉时，宦官蔡伦对造纸技术进行了改进。蔡伦（61—121年），汉明帝末年入宫为宦官。后来，逐渐升职为尚方令，主管宫廷制造。蔡伦总结以前的造纸经验，对造纸技术进行了改进，使原来粗糙黄色的纸张变得质地坚韧、光亮洁白，更加适合书写。为了纪念蔡伦对造纸术发展的伟大贡献，后世将蔡伦敬奉为造纸业的祖师爷，也将他制造的纸称为蔡侯纸。

唐朝时，造纸工艺进一步发展，出现了一些名纸。例如浙江传统名纸——溪藤纸，是以嵊州剡溪边野生的葛藤制成的藤纸。但因为剡溪边所产的野藤数量有限，加上当时缺乏保护开发理念，唐代之后溪藤纸就逐渐消失了。蜀地的麻纸也非常有名，如千古传名的薛涛笺。薛涛（768—832年），才貌出众，与卓文君、花蕊夫人、黄峨并称蜀中四大才女，与鱼玄机、李冶、刘采春并称唐代四大女诗人。薛涛的父亲原来在长安为官，后被贬到四川病逝。薛涛为生活所迫，无奈加入乐籍，成为一名乐伎。薛涛居住在成都浣花溪，她研究出了一种有名的笺纸，即制作时在纸浆中加入芙蓉花汁，将纸染成深红色。这种笺纸的尺寸正好用来书写律诗等篇幅较短的文字，后人称之为薛涛笺。

纸的发明，除了用于书写，还有一大重要的历史作用就是对印刷术发展的推动。因为有了纸，文字印刷有了适合的载体，印刷术才能够被使用和推广。

二、纸的选择和使用

纸在制造时，因为使用的原材料不同，可以分为不同的种类，主要包括麻纸、皮纸、竹纸等类型。麻纸，以大麻、亚麻、苎麻等麻类植物为原材料，具有纤维长，质坚韧，吸墨性较强，可以历经千年而不变色、变脆等特点；皮纸，用各种树皮为原材料，如楮树皮、藤树皮、青檀树皮等，具有纸质韧性好、吸墨性强等特点；竹纸，用毛竹等竹子为原材料，具有纸质韧性差、较脆等特点。

"木活字印刷术传统技艺与文化"课程选用的印刷用纸是宣纸。宣纸因产于宣州（今安徽省宣城市泾县）而得名，属于皮纸的一种，是中国古代纸品中非常重要的一类。宣纸从唐代开始成为中国社会的主要用纸，有"千年寿纸"的美誉。宣纸具有柔韧、润墨、洁白等优点。根据加工方法的不同，宣纸可以分为生宣、熟宣、生熟宣三种。生宣是指没有经过加工的宣纸，具有吸水性和沁水性强、易于渗沁的特点；熟宣在加工时涂以明矾，具有纸质偏硬、吸水性弱、不易渗沁的特点；生熟宣可以根据生熟的不同比例分为半生半熟、三生七熟等，这类宣纸的吸水性和沁水性介于生宣和熟宣之间。

砚的文化知识、选择和使用

砚作为磨墨和盛墨的工具，是中国古代文房四宝中必不可少的组成部分。

一、砚的文化知识

据考古发现，砚最早出现在新石器时代。因为最早的墨是天然的矿物或人工制的墨丸，要研磨后才能使用，所以最初的砚是与研石组合使用的。汉朝时，随着墨条的出现，研石才退出历史的舞台。

砚一般由砚石加工而成。砚石为泥质岩石，多藏在地壳深处的砾石之中，需要千方探寻才能找到，而且储藏量少，开采难度很大。所以，人们根据石头上的独特纹理，多会对砚石进行精心雕琢，使其不仅具有实用价值，而且具有较高的欣赏和收藏价值。

砚在漫长的使用和发展过程中，逐渐形成了世人公认的四大名砚，包括端砚、洮砚、歙砚、澄泥砚。

端砚，因出产自古代的端州（今广东肇庆东郊的端溪）而得名。唐朝时，端州就开始出产砚台。当时的砚台还是以实用为主，非常朴素，没有过多的雕刻装饰。端砚具有发墨快、不损毫等优点。

洮砚，产于甘肃省甘南州卓尼县洮砚乡。在四大名砚中，洮砚储量最少，最难采集。从宋代开始，洮砚就是皇家贡品，一般百姓很难见到。洮砚具有贮墨经夜不渗不干、发墨如油等优点。

歙砚，产于安徽古歙州（具体包括今天的歙县、休宁、祁门等县），产地以婺源与歙县交界处的龙尾山最优。歙砚在唐代时就已经非常出名，歙砚石具有纹理漂亮、结构紧实、温润自然、发墨如油等优点。

澄泥砚，产自山西古绛州汾河一带。澄泥砚出现于唐代，用经过澄洗的细泥经过烧制而成，是四大名砚中唯一不是石质的砚台。澄泥砚由于使用经过澄洗的细泥作为原料，制作工艺复杂，所以在清代时制作澄泥砚的技艺就已近于失传。澄泥砚非常讲究雕刻装饰，具有贮水不干、历寒不冰、不损毫等优点。

二、砚的选择和使用

"木活字印刷术传统技艺与文化"课程选用的是普通的简易砚台。砚台的不同部位如图6-3所示，分别具有不同的作用。砚堂，也称砚心，是研磨墨汁的地方，一般在砚台的中间，位置较高；砚池，是砚台中用来储存墨汁的地方，一般位于砚堂的前端或四周；砚岗，位于砚堂和砚池之间，呈斜面状，便于研磨好的墨汁流入砚池；研缘，指砚台四周高起的边，形成砚台的轮廓；砚额，也称砚头，是部分砚台上端较宽的一条高起的边，一般会进行雕刻装饰，使砚台在具备实用功能的基础上，增加观赏和收藏价值。

图6-3 砚台

使用时，将摇匀的墨汁直接倒在砚池中，需注意倒出的墨汁要适量，不要太多，多了会浪费；也不要太少，少了要反复倒取，不仅浪费时间，而且影响书写效果。倒出的墨汁，以毛笔的笔头能够蘸饱较为适宜。

第七章

具有温州地域特色的木活字印刷术刻字工具

木活字印刷术作为一项传统技艺，需要借助工具才能得到体现。中国不同地域的木活字印刷术传统技艺工具大同小异，在满足基本使用功能的基础上，各地工具都有自己的特色。本章所介绍的工具主要是在温州地域内传承和使用。

一、刻盘

因为用来刻字的木质字坯尺寸很小，大都在1cm²之内，所以需要借助工具先将字坯固定，才能进行雕刻。用来固定字坯的工具就是刻盘，如图7-1所示。刻盘一般采用质地坚硬的木材制成，不加修饰，保留木材的原色。

图7-1 刻盘

每位刻字师傅根据自己的操作习惯及刻字的实际需求，一般使用定制刻盘。"木活字印刷术传统技艺与文化"课程定制的刻盘，大约长14cm，宽9cm，高2cm。在刻盘的中间，挖出一个"中"字形的卡槽。卡槽贯穿整个刻盘的横面，宽4cm，深1cm，可以同时容纳数个字坯。一副刻盘配有两根木闩，木闩大约长16cm，宽2~3cm，高1cm，沿对角线一分为二。

需要刻字时，将字坯卡在刻盘的卡槽内，用木闩撑紧。撑紧时，两根木闩细的一端相对，敲击任何一根木闩粗的一端，直到敲紧，最后用手晃动一下字坯，使字坯完全不动，确保刻字时手的安全。卡好字坯的刻盘如图7-2所示。字刻好后，敲击任何一根木闩细的一端，就可以将刻好的字模轻松取下。

图7-2　卡好字坯的刻盘

二、刻刀

　　木活字刻字的刻刀，全国不同的地域不太一样，东源一带的刻刀都是谱师根据长期的使用习惯自制的。制作时，先用一根细钢条，截取合适的长度，然后将钢条的一端磨成月牙形的斜面，打磨出刀刃，将大部分的钢条用两片竹片夹住，外面缠上布条，使其朴素适手，如图7-3所示。刻刀一般长15～17cm，宽1cm。

图7-3　刻刀

　　刻字时，右手握住刻刀的下端，刻刀刀刃长的一侧在外。右手握刀的具体指法为：右手拇指捏住刻刀下端的内侧，食指捏住刻刀下端的外侧，中指抵住刻刀刀片的外侧，无名指和小指依次附在中指的后面，将刀握牢，如图7-4所示。

　　左手除拇指外的四个手指按住刻盘，使其不要晃动。拇指抵住刻刀刀片内侧边，确保刻字时手的安全，如图7-5所示。

图7-4　持刀手法

图7-5　双手持盘和持刀的手法

三、字坯

用来刻字的字坯一般由质地坚硬、纹理细腻的木材制成，温州一带大多选用棠梨木。木材砍伐后，一般要放置2年左右，经过足够时间的干燥，再制成需要的字坯，这样刻好的字模不会开裂和变形。

字坯是一个长方体，平面呈正方形的两面用来刻字，如图7-6所示。字坯的大小根据刻字需要进行

图7-6　字坯

定制。一般分为大、小两个型号，大号字坯约0.8cm²，小号字坯约0.5cm²。

在字坯上写字时，要注意木材的纹理方向。如果纹理方向不对，写好的字难以被完整刻出。写字时正确的纹理方向是横向。

四、储字盘

木活字字模刻好后，需要按照一定的方式存放，以防散乱、丢失。温州一带采用的储字盘如图7-7所示，一般长40cm，宽30cm，高2cm。制作储字盘时，先选用一块大约1cm厚的木板做底，在木板平面的四边加上高约1cm的木条，钉成一圈木条框。在储字盘内部用

图7-7　储字盘

薄竹片隔成0.5～0.8cm的长条格，用来一行行地放置刻好的木活字字模。为了更好地固定字模，需将薄竹片的两端插入字盘框上下木条内。

汉字"三"的文化知识及书写、雕刻技艺

本教材第八章至第十三章共选了六个汉字作为代表，进行木活字印刷术传统技艺写字、刻字部分的讲解。每一章先介绍所选汉字的文化知识，然后讲解、示范书写与雕刻技艺。

介绍所选汉字的文化知识时，按照该字最早出现于什么时候，在六书中的造字方法，字的最初文化含义、衍生文化含义的顺序进行讲解。因为每个汉字有着漫长的发展历史，也衍生出丰富的文化含义，为了适应高校教材的编写定位，本书在众多的衍生含义中，选择今天仍在使用而且与同学们成长、学习、生活相关的部分。

木活字印刷术传统技艺要学习的是这个字老宋体的反写和繁体，对于从小学习正写和简化汉字的同学们来说具有一定难度。因此，学习汉字的书写与雕刻技艺时，要先在书法纸上练习书写，基本达到要求后再写到字坯上，然后用刻刀进行雕刻。

汉字书写注意事项的总体说明如下。

（1）用来练习书写的书法练习纸上面的每一个米字格，相当于刻字时的一个字坯。书写时，要注意整个字体居于米字格的中间位置，上、下、左、右四边都要留出一定的空白，不能写满。

（2）整个字的书写重心不能下沉，也就是字的中心点在位置上不能低于米字格的中心点。

（3）整个字的书写要做到横平、竖直，横细、竖粗，字形方正，结构匀称。

（4）学会辨识字坯的木材纹理方向，要横向纹理书写。

汉字雕刻注意事项的总体说明如下。

（1）要学习的汉字在字坯上反写好后，将字坯卡在刻盘上。要卡牢固，不能晃动，确保雕刻时手的安全。

（2）每个字的雕刻刀法分为正向雕刻和反向雕刻。正向雕刻时，卡

在字盘上的字为正向，如图8-1所示；反向雕刻时，将刻盘上下旋转180°，卡在字盘上的字为反向，如图8-2所示。

图8-1　正向雕刻

图8-2　反向雕刻

（3）字体基本刻出后，将每个笔画的边缘、转角修齐，使字体笔画轮廓清晰、棱角分明。

（4）字的笔画刻好、修齐后，将字模的边角呈斜坡面全部修平，这一步骤俗称起底。

（5）字刻好后，凸起的笔画应高出下凹底面1mm左右。深于1mm时，字的笔画在印刷时不牢固，容易出现残缺；浅于1mm时，经过印刷时的磨损，笔画容易被磨平，不能再使用。

（6）在运刀刀法示范图中，实线表示笔画边缘的运刀刀法，虚线表示笔画之外空白木头去掉时的运刀刀法。正向雕刻的刀法用黑色线条示范，反向雕刻的刀法用红色线条示范。

第一节
"三"字的文化知识

汉字"三"最早见于商代的甲骨文，如图8-3所示。在六书的造字类型中，"三"为指事字。

"三"的最初文化含义是一个数词，也就是二加一为三，在《庄子·齐物论》中记载为："二与一为三"。

图8-3　甲骨文中的"三"

随着历史的发展，"三"字逐渐衍生出更多的含义。例如，"三"在中国传统文化中用来表示多数或多次，这在历史文献中不乏记载。《论语·公冶长》中就有："季文子三思而后行"，意思是做事时一定要慎重，多次反复考虑周全后再行动。《战国策·齐策四》中记载："狡兔有三窟，仅得免其死耳。"这里的"三窟"并不是狡猾的兔子真的只有三个穴窟，而是指穴窟数量很多。杜甫在《茅屋为秋风所破歌》中写道："八月秋高风怒号，卷我屋上三重茅。"这里的"三"也是多的意思。

此外，"三"在中国传统文化中还表示极限的意思。例如，人们常说的"事不过三"，指做事情要掌握一定的尺度和分寸，不能达到能够被接受的极限。这也是中国传统文化中，为人处世哲学思想的一个重要体现。

第二节
"三"字的书写技艺

"三"字由三个笔画组成，在字形结构方面为独体字。三个笔画都是曲角横画，但长短不一样，第二横最短，第三横最长，第一横的长度居于第二、第三横之间。书写时，三横之间的间距要均等。每横以米字格的竖轴为中心线，要左右对称。第二横的位置要写在米字格横轴的上侧，使整个字的字形重心不会下沉。

在老宋体字中，"三"字反写的第一笔为曲角横画，如图8-4所示。曲角横画的笔画特点为：整个笔画平直、纤细、宽度一致，在笔画左端上方有一个三角形曲角，在笔画右端有一个斜面曲角。

曲角横画运笔的笔法为：先将洗好的毛笔在砚池中蘸饱，再捻笔至笔尖垂直。用笔尖从左端三角形曲角处起笔，书写的笔法是先向左上方，折笔向左下方，翻笔向右上方，再折笔向左下方至笔画最左端，然后用中锋平笔向右，在笔画的右端停笔，然后用笔尖斜笔向右上方，再回笔向前，将笔画的上侧修平，如图8-5所示（图中数字表示运笔顺序）。

"三"字反写的第二笔和第三笔也是曲角横画，如图8-6和图8-7所示。具体笔画特点和运笔笔法参照第一笔的讲解。

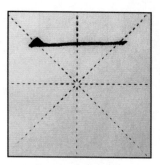
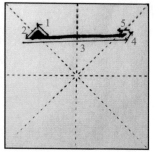

图8-4 "三"字反写第一笔： 图8-5 曲角横画运笔的笔法
曲角横画

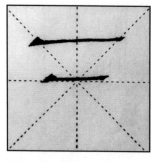
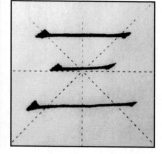

图8-6 "三"字反写第二笔： 图8-7 "三"字反写第三笔：
曲角横画 曲角横画

第三节

"三"字的雕刻技艺

一、"三"字的正向雕刻刀法

"三"字的正向雕刻刀法共六刀，具体如下。

第一刀，在第一笔曲角横画的下方，如图8-8所示。运刀的刀法为：贴着曲角横画的下侧，用刀尖从笔画左端一直平划到右端，划一条大约1mm深的痕迹（在雕刻时，所有刀法的运刀要贴着笔画的边缘。图示是为了清晰地显示运刀的刀法，刻意和笔画间留有一定的距离）。

第二刀和第三刀，分别在第二笔和第三笔曲角横画的下方，如图8-9和图8-10所示。运刀的刀法参照第一刀的讲解。

第四刀，在第一笔曲角横画三角形曲角的左上方，如图8-11所示。运刀的刀法为：贴着三角形曲角的左上方，用刀尖从右上向左下斜划一刀，划一条大约1mm深的痕迹。

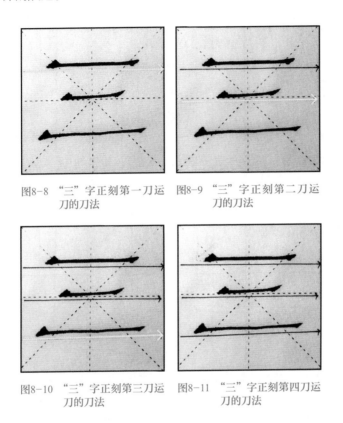

图8-8 "三"字正刻第一刀运刀的刀法　　图8-9 "三"字正刻第二刀运刀的刀法

图8-10 "三"字正刻第三刀运刀的刀法　　图8-11 "三"字正刻第四刀运刀的刀法

第五刀和第六刀，分别在第二笔和第三笔曲角横画三角形曲角的左上方，如图8-12和图8-13所示。运刀的刀法参照第四刀的讲解。

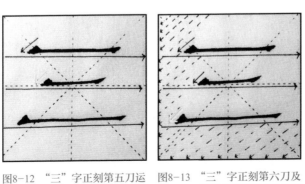

图8-12 "三"字正刻第五刀运刀的刀法　　图8-13 "三"字正刻第六刀及正向去掉空白木头运刀的刀法

正向六刀划好后，将三个曲角横画三角形曲角左侧的空白木头去掉。去掉时运刀的刀法为：用刀尖将空白木头斜着削起，再用推刀推掉，然后将第三笔下面的空白木头用同样的刀法去掉。

二、"三"字的反向雕刻刀法

"三"字的反向雕刻刀法共九刀，具体如下。

第一刀，在第三笔曲角横画斜面曲角的左上方，如图8-14所示。运刀的刀法为：贴着曲角横画斜面曲角的左上方，用刀尖从右上向左下斜划一刀，划一条大约1mm深的痕迹。将斜面曲角左上方的空白木头用斜刀去掉。

第二刀，在第三笔曲角横画的下方，如图8-15所示。运刀的刀法为：贴着曲角横画的下方，用刀尖从笔画左端一直平划到右端三角形曲角的前面，划一条大约1mm深的痕迹。

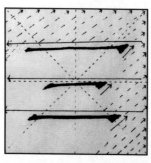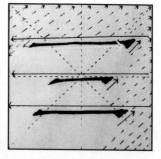

图8-14 "三"字反刻第一刀及去掉空白木头运刀的刀法　图8-15 "三"字反刻第二刀运刀的刀法

第三刀，在第三笔曲角横画右端三角形曲角的左下方，如图8-16所示。运刀的刀法为：贴着三角形曲角的左下方，用刀尖从左上向右下斜划一刀，划一条大约1mm深的痕迹。将第二笔、第三笔之间的空白木头用斜刀去掉。

第四刀，在第二笔曲角横画斜面曲角的左上方，如图8-17所示。运刀的刀法参照第一刀的讲解。将斜面曲角左上方的空白木头用斜刀去掉。

第五刀，在第二笔曲角横画的下方，如图8-18所示。运刀的刀法参照第二刀的讲解。

第六刀，在第二笔曲角横画右端三角形曲角的左下方，如图8-19所示。运刀的刀法参照第三刀的讲解。将第一笔、第二笔之间的空白木头用斜刀去掉。

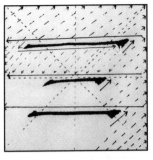

图8-16 "三"字反刻第三刀及　　图8-17 "三"字反刻第四刀及
　　　去掉空白木头运刀的　　　　　　去掉空白木头运刀的
　　　刀法　　　　　　　　　　　　刀法

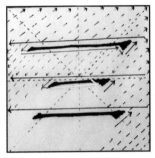

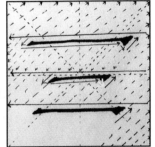

图8-18 "三"字反刻第五刀运　　图8-19 "三"字反刻第六刀及
　　　刀的刀法　　　　　　　　　　去掉空白木头运刀的
　　　　　　　　　　　　　　　　　刀法

　　第七刀，在第一笔曲角横画斜面曲角的左上方，如图8-20所示。运刀的刀法同第一刀。将斜面曲角左上方的空白木头用斜刀去掉。

　　第八刀，在第一笔曲角横画的下方，如图8-21所示。运刀的刀法同第二刀。

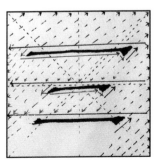

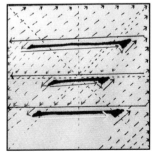

图8-20 "三"字反刻第七刀及　　图8-21 "三"字反刻第八刀运
　　　去掉空白木头运刀的　　　　　　刀的刀法
　　　刀法

第九刀，在第一笔曲角横画右端三角形曲角的左下方，如图8-22所示。运刀的刀法同第三刀。将第一笔下面的空白木头用斜刀去掉。

反向九刀刻好后，将每个笔画的边缘、转角修齐，将字模的边角呈斜坡面全部修平。

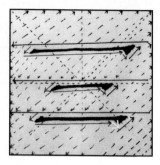

图8-22 "三"字反刻第九刀及去掉空白木头运刀的刀法

第九章

汉字"日"的文化知识及书写、雕刻技艺

第一节
"日"字的文化知识

汉字"日"最早见于商代的甲骨文，如图9-1所示。在六书的造字类型中，"日"为象形字，是最早出现的象形文字之一。

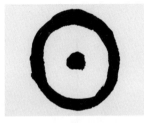

图9-1　甲骨文中的"日"

汉字"日"的本义指白昼，与黑夜相对。《周易》中记载："日往则月来，月往则日来。"这句话客观地描述了一天中白天与黑夜交替的自然现象。

随着历史的发展，"日"字逐渐衍生出更为丰富的文化含义。例如，在白昼这一本义的基础上延伸为一昼夜。《诗经·王风·采葛》中记载："一日不见，如三秋兮。"这里的"日"就是一天的意思，包括了白昼和黑夜。之后，"日"的含义又延伸为一天天，如成语"日积月累""与日俱增""日臻完善"等，都是指随着一天一天、一月一月的长时间积累就能够积少成多、发生变化。这也在告诉人们，做任何事都不要忽视每天一点一点的努力和进步，要能够坚持下去，最终就能实现目标，有一个美好的结果。

第二节
"日"字的书写技艺

"日"字由五个笔画组成，在字形结构方面为独体字。五个笔画中，三个横画的长短一样，两个竖画的长短一样。书写时，三个横画之

间的间距要均等。每个横画以米字格的竖轴为中心线，要左右对称。第二横画的位置要写在米字格横轴的上侧，保证整个字的字形重心不会下沉。

在老宋体字中，"日"字反写的第一笔为曲角直竖，如图9-2所示。曲角直竖的笔画特点为：反写时注意整个竖画垂直、比横画要粗、宽度一致，在上端左侧有一个三角形曲角。

曲角直竖运笔的笔法为：先将洗好的毛笔在砚池中蘸饱，再捻笔至笔尖垂直。用笔尖从上端三角形曲角处起笔，先用笔尖向左上方运笔，再折笔向右上方，然后圈笔回到曲角的中间，用笔的中锋垂直向下，在笔画的末端停笔，最后用笔尖向上修笔，将笔画的右侧修齐，如图9-3所示。

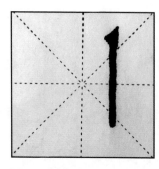
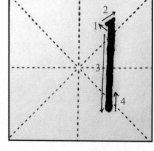

图9-2　"日"字反写第一笔：　图9-3　曲角直竖运笔的笔法
曲角直竖

"日"字反写的第二笔为曲角横画，如图9-4所示。曲角横画运笔的笔法参照"三"字第一笔的讲解。注意，曲角横画的右端要和曲角直竖连接。

"日"字反写的第三笔为曲角直竖，如图9-5所示。曲角直竖运笔的笔法参照第一笔的讲解。

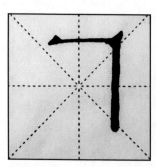
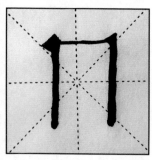

图9-4　"日"字反写第二笔：　图9-5　"日"字反写第三笔：
曲角横画　　　　　　　　曲角直竖

"日"字反写的第四笔为平直横画，如图9-6所示。平直横画的笔画特点为：笔画没有曲角，要平直、纤细、宽度一致，与左右的曲角直竖要连接在一起。

平直横画运笔的笔法为：用毛笔的中锋连接左侧曲角直竖平笔起笔，水平向右书写，直至连接到右侧的曲角直竖，如图9-7所示。

"日"字反写的第五笔为平直横画，如图9-8所示。平直横画运笔的笔法参照第四笔的讲解。注意，这个平直横画的位置要稍微高于左右两个曲角直竖笔画的底端。

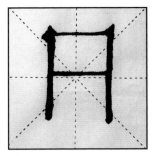

图9-6 "日"字反写第四笔：平直横画

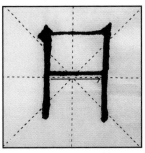

图9-7 平直横画运笔的笔法

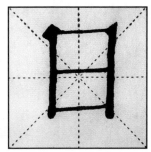

图9-8 "日"字反写第五笔：平直横画

第三节

"日"字的雕刻技艺

一、"日"字的正向雕刻刀法

"日"字的正向雕刻刀法共十刀，具体如下。

第一刀，在第二笔曲角横画的下方，如图9-9所示。运刀的刀法参照"三"字正刻第一刀的讲解。

第二刀，在第四笔平直横画的下方，如图9-10所示。运刀的刀法为：贴着平直横画的下方，用刀尖从左向右平划一刀，划一条大约1mm深的痕迹。

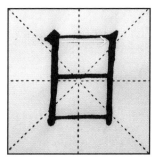

图9-9 "日"字正刻第一刀运刀的刀法

第三刀，在第五笔平直横画的下方，如图9-11所示。运刀的刀法参照第二刀的讲解。

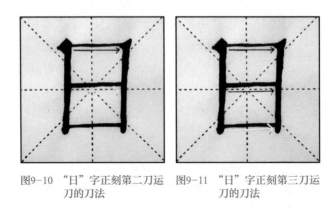

图9-10　"日"字正刻第二刀运　图9-11　"日"字正刻第三刀运
刀的刀法　　　　　　　　　刀的刀法

第四刀，在第一笔曲角直竖上端左侧三角形曲角的左上方，如图9-12所示。运刀的刀法为：贴着三角形曲角的左上方，用刀尖从右上向左下斜划一刀，划一条大约1mm深的痕迹。

第五刀，在第一笔曲角直竖的左侧，如图9-13所示。运刀的刀法为：用刀尖贴着曲角直竖的左侧，从上至下竖划一条大约1mm深的痕迹。

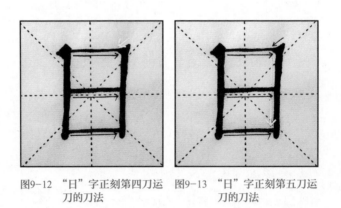

图9-12　"日"字正刻第四刀运　图9-13　"日"字正刻第五刀运
刀的刀法　　　　　　　　　刀的刀法

第六刀，在第一笔曲角直竖下端的左下角，如图9-14所示。运刀的刀法为：用刀尖贴着曲角直竖下端的左下角从左上至右下划一个圆刀，划一条大约1mm深的痕迹。

第七刀，在第三笔曲角直竖上端左侧三角形曲角的左上方，如图9-15所示。运刀的刀法参照第四刀的讲解。

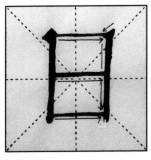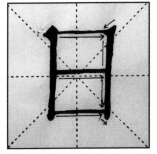

图9-14 "日"字正刻第六刀运　图9-15 "日"字正刻第七刀运
　　　刀的刀法　　　　　　　　　　刀的刀法

　　第八刀，在第三笔曲角直竖上端左侧三角形曲角的左下方，如图9-16所示。运刀的刀法为：贴着三角形曲角的左下方，用刀尖从左上向右下斜划一刀，划一条大约1mm深的痕迹。

　　第九刀，在第三笔曲角直竖的左侧，如图9-17所示。运刀的刀法参照第五刀的讲解。

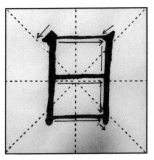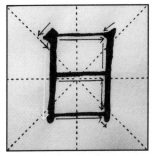

图9-16 "日"字正刻第八刀运　图9-17 "日"字正刻第九刀运
　　　刀的刀法　　　　　　　　　　刀的刀法

　　第十刀，在第三笔曲角直竖下端的左下角，如图9-18所示。运刀的刀法参照第六刀的讲解。

　　正向十刀划好后，将第三笔曲角直竖左侧的空白木头及第五笔平直横画下面的空白木头用斜刀去掉。

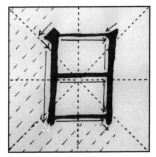

图9-18 "日"字正刻第十刀及
　　　正向去掉空白木头运
　　　刀的刀法

二、"日"字的反向雕刻刀法

"日"字的反向雕刻刀法共八刀，具体如下。

第一刀，在第三笔曲角直竖的左上角，如图9-19所示。运刀的刀法为：用刀尖贴着曲角直竖的左上角从右上至左下划一个圆刀，划一条大约1mm深的痕迹。

第二刀，在第五笔平直横画的下方，如图9-20所示。运刀的刀法为：贴着平直横画的下方，用刀尖从笔画左端一直平划到右端，划一条大约1mm深的痕迹。

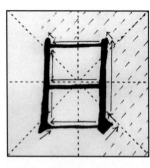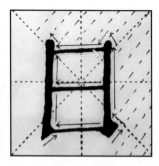

图9-19 "日"字反刻第一刀运　　图9-20 "日"字反刻第二刀运
刀的刀法　　　　　　　　　　　刀的刀法

第三刀，在第三笔曲角直竖的左侧，如图9-21所示。运刀的刀法为：贴着曲角直竖的左侧，用刀尖从上向下竖划一刀，划一条大约1mm深的痕迹。将第一个方框内的空白木头用斜刀去掉。

第四刀，在第四笔平直横画的下方，如图9-22所示。运刀的刀法参照第二刀的讲解。将第二个方框内的空白木头用斜刀去掉。

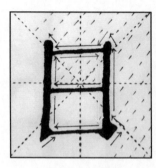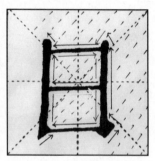

图9-21 "日"字反刻第三刀及　　图9-22 "日"字反刻第四刀及
去掉空白木头运刀的　　　　　　去掉空白木头运刀的
刀法　　　　　　　　　　　　　刀法

第五刀，在第一笔曲角直竖的左上角，如图9-23所示。运刀的刀法参照第一刀的讲解。将曲角直竖左上角的空白木头用斜刀去掉。

第六刀，在第一笔曲角直竖的左侧，如图9-24所示。运刀的刀法参照第三刀的讲解。将曲角直竖左侧的空白木头用斜刀去掉。

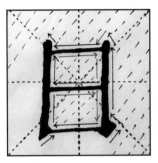 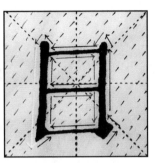

图9-23 "日"字反刻第五刀及 去掉空白木头运刀的 刀法

图9-24 "日"字反刻第六刀及 去掉空白木头运刀的 刀法

第七刀，在第二笔曲角横画的下方，如图9-25所示。运刀的刀法参照"三"字反刻第二刀的讲解。

第八刀，在第二笔曲角横画三角形曲角的左下方，如图9-26所示。运刀的刀法参照"三"字反刻第三刀的讲解。将第二笔曲角横画下面的空白木头用斜刀去掉。

反向八刀刻好后，将每个笔画的边缘、转角修齐，将字模的边角呈斜坡面全部修平。

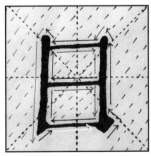 

图9-25 "日"字反刻第七刀运 刀的刀法

图9-26 "日"字反刻第八刀及 去掉空白木头运刀的 刀法

第十章 汉字"永"的文化知识及书写、雕刻技艺

第一节
"永"字的文化知识

汉字"永"始见于商代甲骨文，如图10-1所示。在六书的造字类型中，"永"为会意字。

图10-1　甲骨文中的"永"

汉字"永"的一个本义指游泳，因为其古字形像人在水里游泳，后来"永"的这个文化含义由"泳"字表示。"永"的另一个本义指水流长，因为其古字形也像长长的流水。

随着历史的发展，汉字"永"逐渐衍生出丰富的文化含义，如用来形容水势长流的样子。《诗经·周南·汉广》中记载："汉之广矣，不可泳思；江之永矣，不可方思。"这句话描述了古代一位男子思慕水上游的一名女子，但因为汉江的水很宽，长江的水太长，不能够游泳到女子所在的地方，只能独自叹息和感伤。

此外，"永"还表示时间长久，没有终止。汉朝班固所写的《封燕然山铭》中记载："兹所谓一劳而久逸，暂费而永宁者也。"这里的"永"就是指只要一次辛苦地把事情做好，后面就不用再费力了，可以得到长久的安宁。

第二节
"永"字的书写技艺

"永"字由七个笔画组成，在字形结构方面为独体字。书写时要注意，第一笔曲角横画的长度要覆盖整个字形的宽度；第一笔、第二笔、第三笔三个曲角横画的长度依次变短，三个曲角横画之间的间距要均等；第三笔的位置要在米字格横轴的上面；第五笔曲角竖钩的长度要长于左侧的捺和右侧的撇，曲角竖钩的位置基本与米字格的竖轴重合。

在老宋体字中，"永"字反写的第一笔、第二笔和第三笔均为曲角横画，如图10-2至图10-4所示。曲角横画运笔的笔法参照"三"字第一笔的讲解。

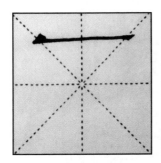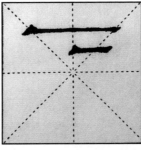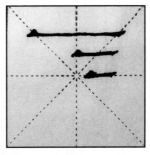

图10-2 "永"字反写第一笔：曲角横画　　图10-3 "永"字反写第二笔：曲角横画　　图10-4 "永"字反写第三笔：曲角横画

"永"字反写的第四笔为曲角斜撇，如图10-5所示。曲角斜撇的笔画特点为：在上端左侧有一个三角形曲角，笔画由左上至右下逐渐变细。

曲角斜撇运笔的笔法为：用笔尖从上端三角形曲角处起笔，先向左上方，再折笔向右上方，然后圈笔回到曲角的中间，用笔的中锋向右下方曲斜运笔的同时逐渐提笔，最后用笔尖向左上修笔，将笔画的左上方修齐，如图10-6所示。

"永"字反写的第五笔为曲角竖钩，如图10-7所示。曲角竖钩的笔画特点为：整个竖钩垂直、比横画要粗、宽度一致，在上端左侧有一个三角形曲角，在下端右侧有一个直弯形平钩。

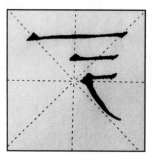 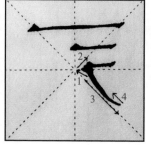 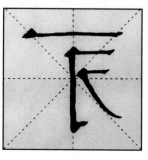

图10-5 "永"字反写第四笔： 图10-6 曲角斜撇运笔的笔法 图10-7 "永"字反写第五笔：
曲角斜撇 曲角竖钩

　　曲角竖钩运笔的笔法为：用笔尖从上端三角形曲角处起笔，先向左上方，再折笔向右上方，然后圈笔回到曲角的中间，用笔的中锋垂直向下，在下端停笔，用笔尖曲斜向右上，最后向前水平回笔，如图10-8所示。

　　"永"字反写的第六笔为曲角斜竖，如图10-9所示。曲角斜竖的笔画特点为：整个竖画从左上至右下方向倾斜，在上端左侧有一个三角形曲角，笔画由左上至右下逐渐变细。

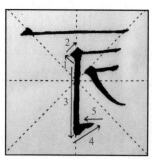 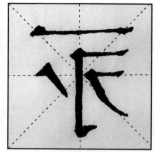

图10-8 曲角竖钩运笔的笔法 图10-9 "永"字反写第六笔：
曲角斜竖

　　曲角斜竖运笔的笔法为：用笔尖从上端三角形曲角处起笔，先向左下方，再折笔向右上方，然后圈笔回到曲角的中间，用笔的中锋斜笔向右下，在末端停笔，然后用笔尖向左上回笔，将笔画的左上方修齐，如图10-10所示。

　　"永"字反写的第七笔为捺，如图10-11所示。捺的笔画特点为：整个笔画从右上至左下方向倾斜，从右上到左下逐渐变粗，左下端略微呈弧形。

　　捺运笔的笔法为：用笔尖起笔，从右上向左下曲斜运笔，逐渐变为笔的中锋，至左下变为曲笔，再向右上修笔，将笔画的右下方修齐，如图10-12所示。

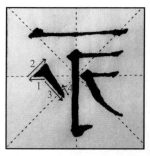 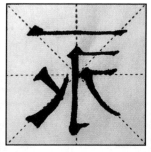 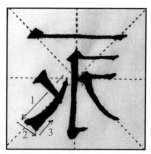

图10-10 曲角斜竖运笔的笔法　　图10-11 "永"字反写第七笔：捺　　图10-12 捺运笔的笔法

第三节
"永"字的雕刻技艺

一、"永"字的正向雕刻刀法

"永"字的正向雕刻刀法共十六刀，具体如下。

第一刀、第二刀和第三刀，分别在第一笔、第二笔和第三笔曲角横画的下方，如图10-13至图10-15所示。运刀的刀法参照"三"字正刻第一刀的讲解。

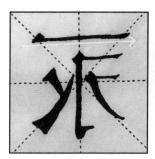 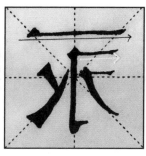 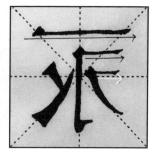

图10-13 "永"字正刻第一刀　　图10-14 "永"字正刻第二刀　　图10-15 "永"字正刻第三刀
运刀的刀法　　　　　　　　运刀的刀法　　　　　　　　运刀的刀法

第四刀，在第四笔曲角斜撇上端三角形曲角的左上方，如图10-16所示。运刀的刀法为：贴着三角形曲角的左上方，用刀尖从右上向左下斜划一刀，划一条大约1mm深的痕迹。

第五刀，在第四笔曲角斜撇上端三角形曲角的左下方，如图10-17所示。

【 第十章　汉字『永』的文化知识及书写、雕刻技艺

57

运刀的刀法为：贴着三角形曲角的左下方，用刀尖从左上向右下斜划一刀，划一条大约1mm深的痕迹。

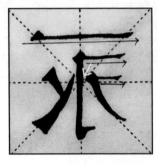 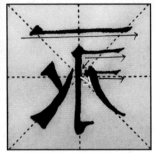

图10-16 "永"字正刻第四刀　　图10-17 "永"字正刻第五刀
　　　　运刀的刀法　　　　　　　　　　运刀的刀法

第六刀，在第四笔曲角斜撇的左下方，如图10-18所示。运刀的刀法为：用刀尖贴着曲角斜撇的左下方，从左上至右下划一个圆刀，划一条大约1mm深的痕迹。

第七刀，在第五笔曲角竖钩上端左侧三角形曲角的左上方，如图10-19所示。运刀的刀法为：贴着三角形曲角的左上方，用刀尖从右上向左下斜划一刀，划一条大约1mm深的痕迹。

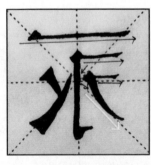 

图10-18 "永"字正刻第六刀　　图10-19 "永"字正刻第七刀
　　　　运刀的刀法　　　　　　　　　　运刀的刀法

第八刀，在第五笔曲角竖钩上端左侧三角形曲角的左下方，如图10-20所示。运刀的刀法为：贴着三角形曲角的左下方，用刀尖从左上向右下斜划一刀，划一条大约1mm深的痕迹。

第九刀，在第五笔曲角竖钩竖的左侧，如图10-21所示。运刀的刀法为：贴着竖的左侧，用刀尖从上向下竖划一刀，划一条大约1mm深的痕迹。

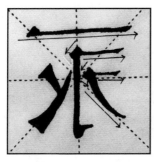
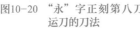
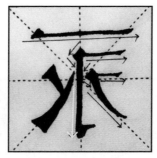

图10-20 "永"字正刻第八刀 运刀的刀法　图10-21 "永"字正刻第九刀 运刀的刀法

第十刀，在第五笔曲角竖钩下端的左下方，如图10-22所示。运刀的刀法为：贴着曲角竖钩下端左下方，用刀尖从左上向右下划一个圆刀，划一条大约1mm深的痕迹。

第十一刀，在第一笔曲角横画三角形曲角的左上方，如图10-23所示。运刀的刀法参照"三"字正刻第四刀的讲解。

图10-22 "永"字正刻第十刀 运刀的刀法　图10-23 "永"字正刻第十一刀 运刀的刀法

第十二刀，在第六笔曲角斜竖三角形曲角的左上方，如图10-24所示。运刀的刀法为：贴着三角形曲角的左上方，用刀尖从右上向左下斜划一刀，划一条大约1mm深的痕迹。

第十三刀，在第六笔曲角斜竖三角形曲角的左下方，如图10-25所示。运刀的刀法为：贴着三角形曲角的左下方，用刀尖从左下向右上斜划一刀，划一条大约1mm深的痕迹。

第十四刀，在第六笔曲角斜竖的左下方，如图10-26所示。运刀的刀法为：贴着曲角斜竖的左下方，用刀尖从左上向右下斜划一刀，划一条大约1mm深的痕迹。

图10-24 "永"字正刻第十二刀
运刀的刀法

图10-25 "永"字正刻第十三刀
运刀的刀法

图10-26 "永"字正刻第十四刀
运刀的刀法

第十五刀，在第七笔捺的左上方，如图10-27所示。运刀的刀法为：贴着捺的左上方，用刀尖从右上向左下划一个弧刀，划一条大约1mm深的痕迹。

第十六刀，在第七笔捺下端的左下方，如图10-28所示。运刀的刀法为：贴着捺下端的左下方，用刀尖从左上向右下划一个弧刀，划一条大约1mm深的痕迹。

正向十六刀划好后，将第一笔、第六笔、第七笔左侧的空白木头用斜刀去掉。

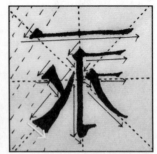

图10-27 "永"字正刻第十五刀
运刀的刀法

图10-28 "永"字正刻第十六刀
及正向去掉空白木头
运刀的刀法

二、"永"字的反向雕刻刀法

"永"字的反向雕刻刀法共十五刀,具体如下。

第一刀,在第七笔捺的左上方,如图10-29所示。运刀的刀法为:贴着捺的左上方,用刀尖从右上向左下划一个圆刀,划一条大约1mm深的痕迹,将第五笔和第七笔之间的空白木头用斜刀去掉。

第二刀,在第六笔曲角斜竖的左下方,如图10-30所示。运刀的刀法为:贴着曲角斜竖的左下方,用刀尖从左上至右下斜划一刀,划一条大约1mm深的痕迹,将第一笔、第五笔、第六笔、第七笔之间的空白木头用斜刀去掉。

图10-29 "永"字反刻第一刀 及去掉空白木头运刀 的刀法　　图10-30 "永"字反刻第二刀 及去掉空白木头运刀 的刀法

第三刀,在第五笔曲角竖钩钩的左上方,如图10-31所示。运刀的刀法为:贴着曲角竖钩钩的左上方,用刀尖从右上向左下划一个弧刀,划一条大约1mm深的痕迹,将竖钩左上方的空白木头用斜刀去掉。

第四刀,在第五笔曲角竖钩钩的下方,如图10-32所示。运刀的刀法为:贴着曲角竖钩钩的下方,用刀尖从左至右平划一刀,划一条大约1mm深的痕迹。

第五刀,在第五笔曲角竖钩竖的左侧,如图10-33所示。运刀的刀法为:贴着曲角竖钩竖的左侧,用刀尖从上至下竖划一刀,划一条大约1mm深的痕迹,将第四笔和第五笔之间的空白木头用斜刀去掉。

第六刀,在第四笔曲角斜撇的左下方,如图10-34所示。运刀的刀法为:贴着曲角斜撇的左下方,用刀尖从左上向右下划一个弧刀,划一条大约1mm深的痕迹,将第三笔和第四笔之间的空白木头用斜刀去掉。

图10-31 "永"字反刻第三刀 　图10-32 "永"字反刻第四刀
及去掉空白木头运刀 　　　　运刀的刀法
的刀法

图10-33 "永"字反刻第五刀 　图10-34 "永"字反刻第六刀
及去掉空白木头运刀 　　　　及去掉空白木头运刀
的刀法 　　　　　　　　的刀法

　　第七刀，在第三笔曲角横画斜面曲角的左上方，如图10-35所示。运刀的刀法参照"三"字反刻第一刀的讲解。将斜面曲角左上方的空白木头用斜刀去掉。

　　第八刀，在第三笔曲角横画的下方，如图10-36所示。运刀的刀法参照"三"字反刻第二刀的讲解。

图10-35 "永"字反刻第七刀 　图10-36 "永"字反刻第八刀
及去掉空白木头运刀 　　　　运刀的刀法
的刀法

第九刀，在第三笔曲角横画三角形曲角的左下方，如图10-37所示。运刀的刀法参照"三"字反刻第三刀的讲解。将第二笔和第三笔之间的空白木头用斜刀去掉。

第十刀，在第二笔曲角横画斜面曲角的左上方，如图10-38所示，同第七刀。将斜面曲角左上方的空白木头用斜刀去掉。

图10-37 "永"字反刻第九刀 　图10-38 "永"字反刻第十刀
及去掉空白木头运刀 　　　　及去掉空白木头运刀
的刀法 　　　　　　　　的刀法

第十一刀，在第二笔曲角横画的下方，如图10-39所示，同第八刀。

第十二刀，在第二笔曲角横画三角形曲角的左下方，如图10-40所示，同第九刀。将第一笔和第二笔之间的空白木头用斜刀去掉。

图10-39 "永"字反刻第十一刀 　图10-40 "永"字反刻第十二刀
运刀的刀法 　　　　　　　及去掉空白木头运刀
　　　　　　　　　　　　　的刀法

第十三刀，在第一笔曲角横画斜面曲角的左上方，如图10-41所示，同第七刀。将斜面曲角左上方的空白木头用斜刀去掉。

第十四刀，在第一笔曲角横画的下方，如图10-42所示，同第八刀。

图10-41 "永"字反刻第十三刀　　图10-42 "永"字反刻第十四刀
　　　　及去掉空白木头运刀　　　　　　运刀的刀法
　　　　的刀法

第十五刀，在第一笔曲角横画三角形曲角的左下方，如图10-43所示，同第九刀。将第一笔下面的空白木头用斜刀去掉。

反向十五刀刻好后，将每个笔画的边缘、转角修齐，将字模的边角呈斜坡面全部修平。

图10-43 "永"字反刻第十五刀
　　　　及去掉空白木头运刀
　　　　的刀法

第十一章

汉字"和"的文化知识及书写、雕刻技艺

第一节
"和"字的文化知识

汉字"和"始见于战国金文，如图11-1所示。在六书的造字类型中，"和"为形声字。

最初，汉字"和"与"龢"通用。"龢"字，左边是形旁"龠"，字形像一排竹管拼合而成的吹奏乐器；右边为声旁"禾"，表示读音。龠与笙、箫等乐器一起吹奏，声音非常和谐，悦耳动听，所以"龢"字

图11-1　金文中的"和"

的本义是指乐声和谐。后来，"龢"字的使用频率逐渐降低，被"和"字代替。

随着历史的发展，"和"字的文化含义不断衍生、变化，在乐声和谐的本义基础上延伸为协调、融洽。《孟子·公孙丑下》中记载："天时不如地利，地利不如人和。"意思指有利的天气、时机比不上有利的地理形势，有利的地理形势比不上人心团结。

此外，"和"还有使和睦、使融洽的意思。例如，《尚书·周书·周官》中记载："宗伯掌邦礼，治神人，和上下。"《左传·隐公四年》中记载："臣闻以德和民，不闻以乱。"这两处的"和"就是指使国家管理及治理和睦、融洽。

"和"是中国传统文化的重要组成部分，也是中华文明一直不变的精神追求。小到孝敬长辈、兄友弟恭的家庭和睦，大到众志成城、团结一心的国家和谐，以及人与自然和谐共生的理念，都是中国"和"文化在不同层面和维度的体现。

第二节
"和"字的书写技艺

"和"字由九个笔画组成，在字形结构方面为左右结构合体字。书写时，左侧的"口"和右侧的"禾"基本位于米字格竖轴的左右两侧；右侧"禾"的曲角横画稍微越过米字格的竖轴，达到整个字形结构的左右呼应与融合。

在老宋体字中，"和"字反写的第一笔为曲角平撇，如图11-2所示。曲角平撇的笔画特点为：左侧下方有一个三角形曲角，整个笔画从左上向右下逐渐变细。

曲角平撇运笔的笔法为：用笔尖从左侧三角形曲角处起笔，先向左下方，再折笔向右上方，然后圈笔回到曲角的中间，用笔的中锋向右下方曲斜运笔的同时逐渐提笔，最后用笔尖向左上方修笔，将笔画的左上方修平，如图11-3所示。

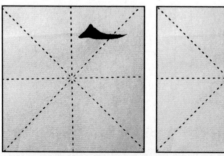
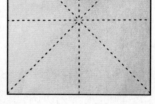

图11-2 "和"字反写第一笔：　图11-3 曲角平撇运笔的笔法
曲角平撇

"和"字反写的第二笔为曲角横画，如图11-4所示。曲角横画运笔的笔法参照"三"字第一笔的讲解。

"和"字反写的第三笔为曲角直竖，如图11-5所示。曲角直竖运笔的笔法参照"日"字第一笔的讲解。

"和"字反写的第四笔为斜撇，如图11-6所示。斜撇的笔画特点为：笔画由左上至右下逐渐变细。

斜撇运笔的笔法为：用笔的中峰起笔，从左上向右下曲斜运笔的同时逐渐提笔，最后用笔尖向左上方修笔，将笔画的左上方修齐，如图11-7所示。

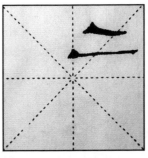

图11-4 "和"字反写第二笔：
曲角横画

图11-5 "和"字反写第三笔：
曲角直竖

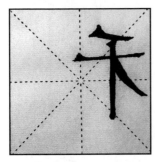

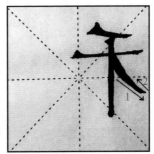

图11-6 "和"字反写第四笔： 图11-7 斜撇运笔的笔法
斜撇

"和"字反写的第五笔为反点，如图11-8所示。反点的笔画特点为：笔画从右上向左下倾斜，右上尖头，左下圆尾。

反点运笔的笔法为：用笔尖起笔，从右上向左下曲斜运笔的同时逐渐变为笔的中锋，至左下停笔，然后用笔尖向右上方修笔，将笔画的右上方修齐，如图11-9所示。

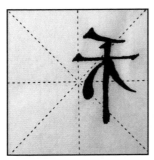

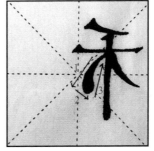

图11-8 "和"字反写第五笔： 图11-9 反点运笔的笔法
反点

"和"字反写的第六笔为曲角直竖，如图11-10所示，同第三笔。

"和"字反写的第七笔为曲角横画，如图11-11所示，同第二笔。

"和"字反写的第八笔为曲角直竖，如图11-12所示，同第三笔。

"和"字反写的第九笔为平直横画，如图11-13所示。平直横画运笔的笔法，参照"日"字第四笔的讲解。

 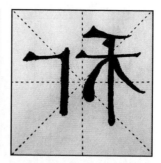

图11-10 "和"字反写第六笔：曲角直竖　　图11-11 "和"字反写第七笔：曲角横画

图11-12 "和"字反写第八笔：曲角直竖　　图11-13 "和"字反写第九笔：平直横画

第三节
"和"字的雕刻技艺

一、"和"字的正向雕刻刀法

"和"字的正向雕刻刀法共二十刀，具体如下。

第一刀和第二刀，分别在第二笔和第七笔曲角横画的下方，如图11-14和

图11-15所示。运刀的刀法参照"三"字正刻第一刀的讲解。

图11-14 "和"字正刻第一刀　　图11-15 "和"字正刻第二刀
　　　　运刀的刀法　　　　　　　　　　运刀的刀法

第三刀，在第九笔平直横画的下方，如图11-16所示。运刀的刀法参照"日"字正刻第二刀的讲解。

第四刀，在第一笔曲角平撇三角形曲角的左上方，如图11-17所示。运刀的刀法为：贴着三角形曲角的左上方，用刀尖从右上向左下斜划一刀，划一条大约1mm深的痕迹。

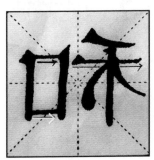 

图11-16 "和"字正刻第三刀　　图11-17 "和"字正刻第四刀
　　　　运刀的刀法　　　　　　　　　　运刀的刀法

第五刀，在第一笔曲角平撇三角形曲角的左下方，如图11-18所示。运刀的刀法为：贴着三角形曲角的左下方，用刀尖从左下向右上斜划一刀，划一条大约1mm深的痕迹。

第六刀，在第一笔曲角平撇的下方，如图11-19所示。运刀的刀法为：贴着曲角平撇的下方，用刀尖从左至右划一个圆刀，划一条大约1mm深的痕迹。

第七刀，在第四笔斜撇的左下方，如图11-20所示。运刀的刀法为：贴着斜撇的左下方，用刀尖从左上至右下划一个圆刀，划一条大约1mm深的痕迹。

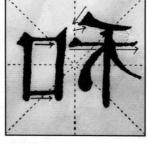

图11-18　"和"字正刻第五刀　图11-19　"和"字正刻第六刀　图11-20　"和"字正刻第七刀
　　　　运刀的刀法　　　　　　　　　　运刀的刀法　　　　　　　　　　运刀的刀法

　　第八刀，在第三笔曲角直竖上端左侧三角形曲角的左上方，如图11-21所示。运刀的刀法参照"日"字正刻第四刀的讲解。

　　第九刀，在第三笔曲角直竖上端左侧三角形曲角的左下方，如图11-22所示。运刀的刀法参照"日"字正刻第八刀的讲解。

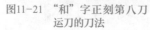

图11-21　"和"字正刻第八刀　图11-22　"和"字正刻第九刀
　　　　运刀的刀法　　　　　　　　　　运刀的刀法

　　第十刀，在第三笔曲角直竖的左侧，如图11-23所示。运刀的刀法参照"日"字正刻第五刀的讲解。

　　第十一刀，在第三笔曲角直竖下端的左下方，如图11-24所示。运刀的刀法参照"日"字正刻第六刀的讲解。

　　第十二刀，在第二笔曲角横画三角形曲角的左上方，如图11-25所示。运刀的刀法参照"三"字正刻第四刀的讲解。

　　第十三刀，在第五笔反点的左上至左下方，如图11-26所示。运刀的刀法为：贴着反点的左上至左下方，用刀尖划一个圆刀，划一条大约1mm深的痕迹。

图11-23　"和"字正刻第十刀　　图11-24　"和"字正刻第十一刀
　　　　运刀的刀法　　　　　　　　　运刀的刀法

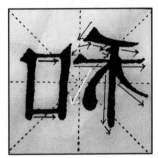

图11-25　"和"字正刻第十二刀　　图11-26　"和"字正刻第十三刀
　　　　运刀的刀法　　　　　　　　　运刀的刀法

　　第十四刀，在第六笔曲角直竖三角形曲角的左上方，如图11-27所示。运刀的刀法同第八刀。

　　第十五刀，在第六笔曲角直竖的左侧，如图11-28所示。运刀的刀法同第十刀。

图11-27　"和"字正刻第十四刀　　图11-28　"和"字正刻第十五刀
　　　　运刀的刀法　　　　　　　　　运刀的刀法

第十六刀，在第六笔曲角直竖下端的左下方，如图11-29所示。运刀的刀法同第十一刀。

第十七刀，在第八笔曲角直竖上端左侧三角形曲角的左上方，如图11-30所示。运刀的刀法同第八刀。

图11-29　"和"字正刻第十六刀运刀的刀法　　图11-30　"和"字正刻第十七刀运刀的刀法

第十八刀，在第八笔曲角直竖上端左侧三角形曲角的左下方，如图11-31所示。运刀的刀法同第九刀。

第十九刀，在第八笔曲角直竖的左侧，如图11-32所示。运刀的刀法同第十刀。

第二十刀，在第八笔曲角直竖下端的左下方，如图11-33所示。运刀的刀法同第十一刀。

正向二十刀划好后，将第八笔曲角直竖左侧和第九笔平直横画以下的空白木头用斜刀去掉。

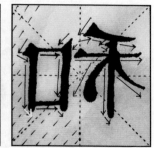

图11-31　"和"字正刻第十八刀运刀的刀法　　图11-32　"和"字正刻第十九刀运刀的刀法　　图11-33　"和"字正刻第二十刀及正向去掉空白木头运刀的刀法

二、"和"字的反向雕刻刀法

"和"字的反向雕刻刀法共十五刀，具体如下。

第一刀，在第八笔曲角直竖上端的左上方，如图11-34所示。运刀的刀法参照"日"字反刻第一刀的讲解。

第二刀，在第九笔平直横画的下方，如图11-35所示。运刀的刀法参照"日"字反刻第二刀的讲解。

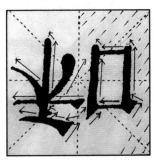 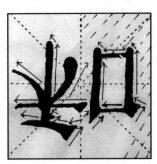

图11-34 "和"字反刻第一刀　图11-35 "和"字反刻第二刀
运刀的刀法　　　　　　运刀的刀法

第三刀，在第八笔曲角直竖的左侧，如图11-36所示。运刀的刀法参照"日"字反刻第三刀的讲解。将方框内的空白木头用斜刀去掉。

第四刀，在第七笔曲角横画的下方，如图11-37所示。运刀的刀法参照"三"字反刻第二刀的讲解。

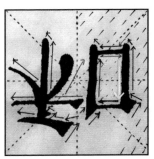 

图11-36 "和"字反刻第三刀　图11-37 "和"字反刻第四刀
及去掉空白木头运刀　　运刀的刀法
的刀法

第五刀，在第七笔曲角横画三角形曲角的左下方，如图11-38所示。运刀的刀法参照"三"字反刻第三刀的讲解。将第七笔曲角横画下面的空白木头用斜刀去掉。

第六刀，在第六笔曲角直竖上端的左上方，如图11-39所示。运刀的刀法同第一刀。

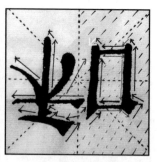

图11-38　"和"字反刻第五刀　图11-39　"和"字反刻第六刀
及去掉空白木头运刀　　　　运刀的刀法
的刀法

第七刀，在第六笔曲角直竖的左侧，如图11-40所示。运刀的刀法同第三刀。将第二笔、第五笔、第六笔之间的空白木头用斜刀去掉。

第八刀，在第五笔反点的左上方，如图11-41所示。运刀的刀法为：贴着反点的左上方，用刀尖从左上向左下划一个弧刀，划一条大约1mm深的痕迹。将第三笔和第五笔之间的空白木头用斜刀去掉。

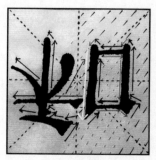

图11-40　"和"字反刻第七刀　图11-41　"和"字反刻第八刀
及去掉空白木头运刀　　　　及去掉空白木头运刀
的刀法　　　　　　　　　　的刀法

第九刀，在第三笔曲角直竖上端的左上方，如图11-42所示。运刀的刀法同第一刀。

第十刀，在第三笔曲角直竖的左侧，如图11-43所示。运刀的刀法同第三刀。将第三笔和第四笔之间的空白木头用斜刀去掉。

图11-42 "和"字反刻第九刀　　图11-43 "和"字反刻第十刀
　　　　运刀的刀法　　　　　　　　　及去掉空白木头运刀
　　　　　　　　　　　　　　　　　　的刀法

第十一刀，在第四笔斜撇的左下方，如图11-44所示。运刀的刀法为：贴着斜撇的左下方，用刀尖从左上至右下划一个弧刀，划一条大约1mm深的痕迹。将第二笔和第四笔之间的空白木头用斜刀去掉。

第十二刀，在第二笔曲角横画斜面曲角的左上方，如图11-45所示。运刀的刀法参照"三"字反刻第一刀的讲解。将斜面曲角左上方的空白木头用斜刀去掉。

图11-44 "和"字反刻第十一刀　　图11-45 "和"字反刻第十二刀
　　　　及去掉空白木头运刀　　　　　及去掉空白木头运刀
　　　　的刀法　　　　　　　　　　　的刀法

第十三刀，在第二笔曲角横画的下方，如图11-46所示。运刀的刀法同第四刀。

第十四刀，在第二笔曲角横画三角形曲角的左下方，如图11-47所示。运刀的刀法同第五刀。将第一笔、第二笔及第六笔之间的空白木头用斜刀去掉。

第十五刀，在第一笔曲角平撇的左下方，如图11-48所示。运刀的刀法为：贴着曲角平撇的左下方，用刀尖从左上至右下划一个弧刀，划一条大约1mm深的痕迹。将第一笔曲角平撇左下方的空白木头用斜刀去掉。

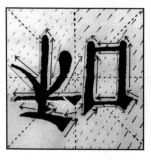

图11-46 "和"字反刻第十三刀 运刀的刀法　　图11-47 "和"字反刻第十四刀 及去掉空白木头运刀 的刀法　　图11-48 "和"字反刻第十五刀 及去掉空白木头运刀 的刀法

反向十五刀刻好后，将每个笔画的边缘、转角修齐，将字模的边角呈斜坡面全部修平。

第十二章

汉字"信"的文化知识及书写、雕刻技艺

第一节

"信"字的文化知识

汉字"信"最早见于金文，如图12-1所示。在六书的造字类型中，"信"为会意兼形声字。

"信"的本义，在东汉许慎的《说文解字》中记载为："信，诚也，从人从言。"意思为人的言语真实。

图12-1　金文中的"信"

随着历史的发展，"信"的文化引申含义不断增多。例如诚信，《论语·学而》中记载："吾日三省吾身：为人谋而不忠乎？与朋友交而不信乎？传不习乎？"每日"三省"中的第二省，就是要每天认真思考一下，自己与朋友的交往是否做到了诚信。

此外，"信"在中国传统文化中还有符契、凭证的含义。《墨子·号令》中记载："大将使人行，守操信符。信不合及号不相应者，伯长以上辄止之。"这里的"信"就是符契、凭证的含义。

今天，诚信是社会主义核心价值观的重要组成部分，是每一位新时代社会主义公民必须恪守的基本道德准则。

第二节

"信"字的书写技艺

"信"字由十个笔画组成，在字形结构方面为左右结构合体字。书

写时，左侧"言"，占米字格空间的四分之三；右侧"亻"，占米字格空间的四分之一。左侧上部的四个曲角横画在米字格横轴之上，四个横画之间的间距要均匀。第一、第三曲角横画的长度较短，第二曲角横画的长度较长，第四曲角横画的长度最长。左侧下部的"口"，位于四个曲角横画的居中位置。

在老宋体字中，"信"字反写的第一笔为曲角平撇，如图12-2所示。曲角平撇运笔的笔法参照"和"字第一笔的讲解。

"信"字反写的第二笔为曲角直竖，如图12-3所示。曲角直竖运笔的笔法参照"日"字第一笔的讲解。

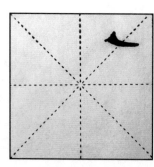

图12-2 "信"字反写第一笔：　图12-3 "信"字反写第二笔：
　　　　曲角平撇　　　　　　　　　　曲角直竖

"信"字反写的第三笔至第六笔均为曲角横画，如图12-4至图12-7所示。曲角横画运笔的笔法参照"三"字第一笔的讲解。

"信"字反写的第七笔为曲角直竖，如图12-8所示，同第二笔。

"信"字反写的第八笔为曲角横画，如图12-9所示，同第三笔。

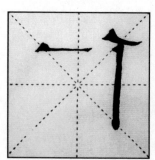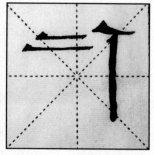

图12-4 "信"字反写第三笔：　图12-5 "信"字反写第四笔：
　　　　曲角横画　　　　　　　　　　曲角横画

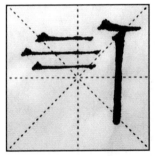

图12-6 "信"字反写第五笔： 图12-7 "信"字反写第六笔：
　　　 曲角横画　　　　　　　　　　 曲角横画

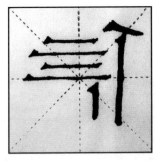

图12-8 "信"字反写第七笔： 图12-9 "信"字反写第八笔：
　　　 曲角直竖　　　　　　　　　　 曲角横画

　　"信"字反写的第九笔为曲角直竖，如图12-10所示，同第二笔。

　　"信"字反写的第十笔为平直横画，如图12-11所示。平直横画运笔的笔法参照"日"字第四笔的讲解。

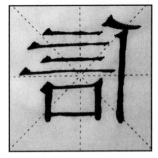

图12-10 "信"字反写第九笔： 图12-11 "信"字反写第十笔：
　　　 曲角直竖　　　　　　　　　　 平直横画

第三节
"信"字的雕刻技艺

一、"信"字的正向雕刻刀法

"信"字的正向雕刻刀法共二十四刀，具体如下。

第一刀至第五刀，分别在第三笔、第四笔、第五笔、第六笔、第八笔曲角横画的下方，如图12-12至图12-16所示。运刀的刀法参照"三"字正刻第一刀的讲解。

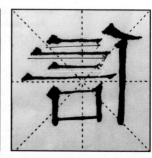

图12-12 "信"字正刻第一刀 运刀的刀法　　图12-13 "信"字正刻第二刀 运刀的刀法　　图12-14 "信"字正刻第三刀 运刀的刀法

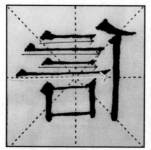
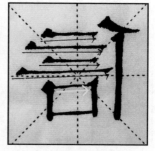

图12-15 "信"字正刻第四刀 运刀的刀法　　图12-16 "信"字正刻第五刀 运刀的刀法

第六刀，在第十笔平直横画的下方，如图12-17所示。运刀的刀法参照"日"字正刻第二刀的讲解。

第七刀，在第一笔曲角平撇三角形曲角的左上方，如图12-18所示。运刀的刀法参照"和"字正刻第四刀的讲解。

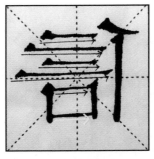 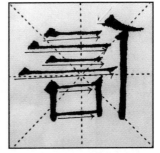

图12-17 "信"字正刻第六刀 　图12-18 "信"字正刻第七刀
　　　　运刀的刀法　　　　　　　　　　运刀的刀法

第八刀，在第一笔曲角平撇三角形曲角的左下方，如图12-19所示。运刀的刀法参照"和"字正刻第五刀的讲解。

第九刀，在第一笔曲角平撇的下方，如图12-20所示。运刀的刀法参照"和"字正刻第六刀的讲解。

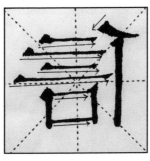 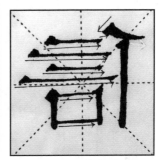

图12-19 "信"字正刻第八刀 　图12-20 "信"字正刻第九刀
　　　　运刀的刀法　　　　　　　　　　运刀的刀法

第十刀，在第二笔曲角直竖上端左侧三角形曲角的左上方，如图12-21所示。运刀的刀法参照"日"字正刻第四刀的讲解。

第十一刀，在第二笔曲角直竖上端左侧三角形曲角的左下方，如图12-22所示。运刀的刀法参照"日"字正刻第八刀的讲解。

第十二刀，在第二笔曲角直竖的左侧，如图12-23所示。运刀的刀法参照"日"字正刻第五刀的讲解。

第十三刀，在第二笔曲角直竖下端的左下方，如图12-24所示。运刀的刀法参照"日"字正刻第六刀的讲解。

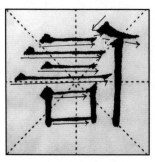

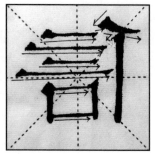

图12-21 "信"字正刻第十刀
运刀的刀法

图12-22 "信"字正刻第十一刀
运刀的刀法

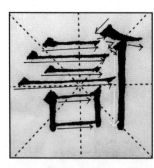

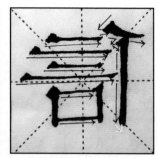

图12-23 "信"字正刻第十二刀
运刀的刀法

图12-24 "信"字正刻第十三刀
运刀的刀法

第十四刀至第十七刀，分别在第三笔至第六笔曲角横画三角形曲角的左上方，如图12-25至图12-28所示。运刀的刀法参照"三"字正刻第四刀的讲解。

第十八刀，在第七笔曲角直竖上端左侧三角形曲角的左上方，如图12-29所示。运刀的刀法同第十刀。

第十九刀，在第七笔曲角直竖的左侧，如图12-30所示。运刀的刀法同第十二刀。

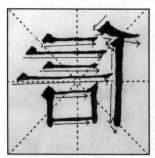

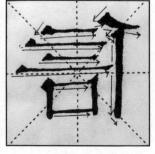

图12-25 "信"字正刻第十四刀
运刀的刀法

图12-26 "信"字正刻第十五刀
运刀的刀法

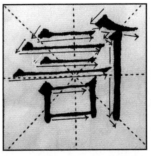

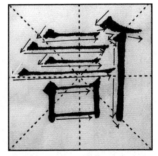

图12-27 "信"字正刻第十六刀　　图12-28 "信"字正刻第十七刀
　　　　运刀的刀法　　　　　　　　　　运刀的刀法

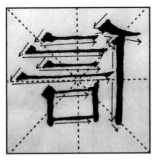

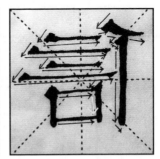

图12-29 "信"字正刻第十八刀　　图12-30 "信"字正刻第十九刀
　　　　运刀的刀法　　　　　　　　　　运刀的刀法

　　第二十刀，在第七笔曲角直竖下端的左下方，如图12-31所示。运刀的刀法同第十三刀。

　　第二十一刀，在第九笔曲角直竖上端左侧三角形曲角的左上方，如图12-32所示。运刀的刀法同第十刀。

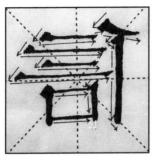

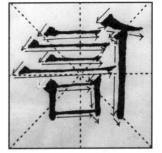

图12-31 "信"字正刻第二十刀　　图12-32 "信"字正刻第二十一
　　　　运刀的刀法　　　　　　　　　　刀运刀的刀法

第二十二刀，在第九笔曲角直竖上端左侧三角形曲角的左下方，如图12-33所示。运刀的刀法同第十一刀。

第二十三刀，在第九笔曲角直竖的左侧，如图12-34所示。运刀的刀法同第十二刀。

第二十四刀，在第九笔曲角直竖下端的左下方，如图12-35所示。运刀的刀法同第十三刀。

正向二十四刀划好后，将第三笔、第四笔、第五笔、第六笔、第九笔左侧及第二笔、第十笔下面的空白木头用斜刀去掉。

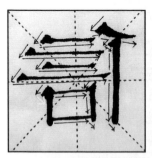 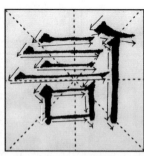 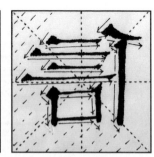

图12-33 "信"字正刻第二十二刀运刀的刀法   图12-34 "信"字正刻第二十三刀运刀的刀法   图12-35 "信"字正刻第二十四刀及正向去掉空白木头运刀的刀法

二、"信"字的反向雕刻刀法

"信"字的反向雕刻刀法共二十二刀，具体如下。

第一刀，在第九笔曲角直竖上端的左上方，如图12-36所示。运刀的刀法参照"日"字反刻第一刀的讲解。

第二刀，在第十笔平直横画的下方，如图12-37所示。运刀的刀法参照

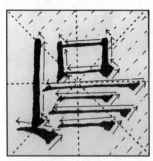 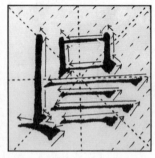

图12-36 "信"字反刻第一刀运刀的刀法   图12-37 "信"字反刻第二刀运刀的刀法

"日"字反刻第二刀的讲解。

第三刀，在第九笔曲角直竖的左侧，如图12-38所示。运刀的刀法参照"日"字反刻第三刀的讲解。将方框内的空白木头用斜刀去掉。

第四刀，在第八笔曲角横画的下方，如图12-39所示。运刀的刀法参照"三"字反刻第二刀的讲解。

 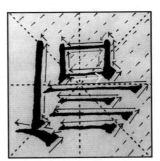

图12-38 "信"字反刻第三刀　图12-39 "信"字反刻第四刀
及去掉空白木头运刀　　　运刀的刀法
的刀法

第五刀，在第八笔曲角横画三角形曲角的左下方，如图12-40所示。运刀的刀法参照"三"字反刻第三刀的讲解。将第六笔、第八笔之间的空白木头用斜刀去掉。

第六刀，在第七笔曲角直竖上端的左上方，如图12-41所示。运刀的刀法同第一刀。将第七笔曲角直竖上端左上方的空白木头用斜刀去掉。

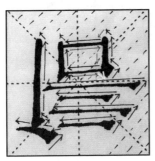 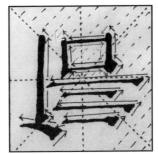

图12-40 "信"字反刻第五刀　图12-41 "信"字反刻第六刀
及去掉空白木头运刀　　　及去掉空白木头运刀
的刀法　　　　　　　　　的刀法

第七刀，在第七笔曲角直竖的左侧，如图12-42所示。运刀的刀法同第三刀。将第二笔和第七笔之间的空白木头用斜刀去掉。

第八刀，在第六笔曲角横画斜面曲角的左上方，如图12-43所示。运刀的刀法参照"三"字反刻第一刀的讲解。将斜面曲角左上方的空白木头用斜刀去掉。

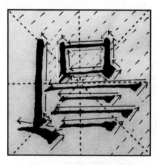

图12-42 "信"字反刻第七刀及去掉空白木头运刀的刀法　　图12-43 "信"字反刻第八刀及去掉空白木头运刀的刀法

第九刀，在第六笔曲角横画的下方，如图12-44所示。运刀的刀法同第四刀。

第十刀，在第六笔曲角横画三角形曲角的左下方，如图12-45所示。运刀的刀法同第五刀。将第五笔和第六笔之间的空白木头用斜刀去掉。

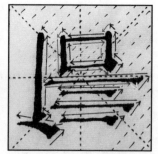

图12-44 "信"字反刻第九刀运刀的刀法　　图12-45 "信"字反刻第十刀及去掉空白木头运刀的刀法

第十一刀，在第五笔曲角横画斜面曲角的左上方，如图12-46所示。运刀的刀法同第八刀。将斜面曲角左上方的空白木头用斜刀去掉。

第十二刀，在第五笔曲角横画的下方，如图12-47所示。运刀的刀法同第四刀。

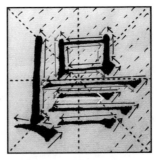

图12-46 "信"字反刻第十一刀
及去掉空白木头运刀
的刀法

图12-47 "信"字反刻第十二刀
运刀的刀法

　　第十三刀，在第五笔曲角横画三角形曲角的左下方，如图12-48所示。运刀的刀法同第五刀。将第四笔和第五笔之间的空白木头用斜刀去掉。

　　第十四刀，在第四笔曲角横画斜面曲角的左上方，如图12-49所示。运刀的刀法同第八刀。将斜面曲角左上方的空白木头用斜刀去掉。

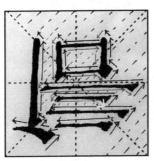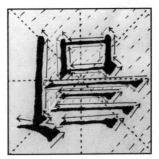

图12-48 "信"字反刻第十三刀
及去掉空白木头运刀
的刀法

图12-49 "信"字反刻第十四刀
及去掉空白木头运刀
的刀法

　　第十五刀，在第四笔曲角横画的下方，如图12-50所示。运刀的刀法同第四刀。

　　第十六刀，在第四笔曲角横画三角形曲角的左下方，如图12-51所示。运刀的刀法同第五刀。将第三笔和第四笔之间的空白木头用斜刀去掉。

　　第十七刀，在第三笔曲角横画斜面曲角的左上方，如图12-52所示。运刀的刀法同第八刀。将斜面曲角左上方的空白木头用斜刀去掉。

　　第十八刀，在第三笔曲角横画的下方，如图12-53所示。运刀的刀法同第四刀。

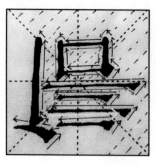
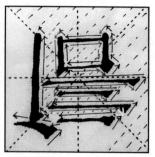

图12-50 "信"字反刻第十五刀　图12-51 "信"字反刻第十六刀
运刀的刀法　　　　　　　　及去掉空白木头运刀
　　　　　　　　　　　　　的刀法

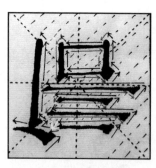
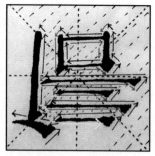

图12-52 "信"字反刻第十七刀　图12-53 "信"字反刻第十八刀
及去掉空白木头运刀　　　　运刀的刀法
的刀法

第十九刀，在第三笔曲角横画三角形曲角的左下方，如图12-54所示。运刀的刀法同第五刀。将第三笔下面的空白木头用斜刀去掉。

第二十刀，在第二笔曲角直竖上端的左上方，如图12-55所示。运刀的刀法同第一刀。将第二笔曲角直竖上端左上方的空白木头用斜刀去掉。

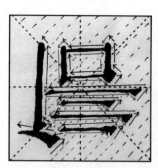
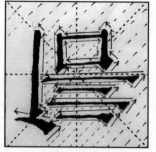

图12-54 "信"字反刻第十九刀　图12-55 "信"字反刻第二十刀
及去掉空白木头运刀　　　　及去掉空白木头运刀
的刀法　　　　　　　　　　的刀法

第二十一刀，在第二笔曲角直竖的左侧，如图12-56所示。运刀的刀法同第三刀。将第二笔左侧的空白木头用斜刀去掉。

第二十二刀，在第一笔曲角平撇的左下方，如图12-57所示。运刀的刀法参照"和"字反刻第十五刀的讲解。将第一笔曲角平撇左下方的空白木头用斜刀去掉。

反向二十二刀刻好后，将每个笔画的边缘、转角修齐，将字模的边角呈斜坡面全部修平。

图12-56 "信"字反刻第二十一刀及去掉空白木头运刀的刀法　　图12-57 "信"字反刻第二十二刀及去掉空白木头运刀的刀法

第十三章

汉字"福"的文化知识及书写、雕刻技艺

第一节
"福"字的文化知识

汉字"福"最早见于甲骨文，如图13-1所示。在六书的造字类型中，"福"字为会意兼形声字。

"福"字的字形，左侧下半部分是人的双手，上半部分是酒坛，右侧是祭祀用的祭台，三部分合在一起，表达的意思是人们用双手捧着酒坛虔诚地敬奉神灵，祈求护佑。因此，"福"字的本义是神祖保佑。

图13-1　甲骨文中的"福"

随着历史的发展，"福"字逐渐衍生出更多的文化含义。《周礼·天官·膳夫》中记载："祭祀之致福者，受而膳之。"意思是祭祀后，要将祭祀的酒、肉等祭品分送给其他人，人们称之为致福，也就是通过分享祭品的方式为别人添福、送福。

"福"文化是中国传统文化的重要组成部分，一直受到中国人的喜爱和推崇。《尚书·洪范》中记载："五福：一曰寿，二曰富，三曰康宁，四曰攸好德，五曰考终命。"战国时期的哲学家韩非子认为"全寿富贵谓之福"。此外，"福"还是中国六大吉祥"福、禄、寿、喜、财、吉"之首。所以说，"福"是中国人对生活中各种美好、吉祥的期盼。今天，"福"是人们在中国特色社会主义新时代美好生活的样子。

第二节
"福"字的书写技艺

"福"字由十六个笔画组成，在字形结构方面为左右结构的合体字。书写时要注意，左侧的"畐"和右侧的"示"，基本分别位于米字格竖轴的左右两侧，但右侧"示"的第二曲角横画稍微越过米字格的竖轴，达到整个字形结构的左右呼应与融合。左侧上部的"一"和"口"，在米字格横轴之上。

在老宋体字中，"福"字反写的第一笔和第二笔均为曲角横画，如图13-2和图13-3所示。曲角横画运笔的笔法参照"三"字第一笔的讲解。

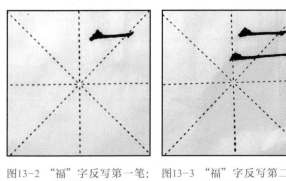

图13-2 "福"字反写第一笔：曲角横画　　图13-3 "福"字反写第二笔：曲角横画

"福"字反写的第三笔为曲角竖撇，如图13-4所示。曲角竖撇的笔画特点为：笔画上端左侧有一个三角形曲角，整个笔画直竖向下，在下端向右下曲斜。

曲角竖撇运笔的笔法为：用笔尖从上端三角形曲角处起笔，先向左上方，再折笔向右上方，然后圈笔回到曲角的中间，用笔的中锋垂直向下，至下端逐渐向右下方曲斜运笔，同时逐渐提笔，最后用笔尖向左上方修笔，将笔画的右上方修齐，如图13-5所示。

"福"字反写的第四笔和第五笔均为曲角直竖，如图13-6和图13-7所示。曲角直竖运笔的笔法参照"日"字第一笔的讲解。

"福"字反写的第六笔为曲角横画，如图13-8所示，同第一笔。

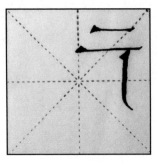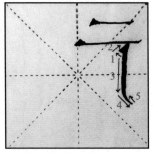

图13-4 "福"字反写第三笔：　图13-5 曲角竖撇运笔的笔法
　　　曲角竖撇

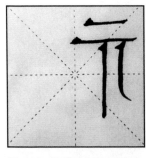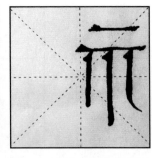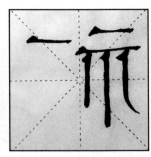

图13-6 "福"字反写第四笔：　图13-7 "福"字反写第五笔：　图13-8 "福"字反写第六笔：
　　　曲角直竖　　　　　　　　曲角直竖　　　　　　　　曲角横画

　　"福"字反写的第七笔为曲角直竖，如图13-9所示，同第四笔。

　　"福"字反写的第八笔为曲角横画，如图13-10所示，同第一笔。

　　"福"字反写的第九笔为曲角直竖，如图13-11所示，同第四笔。

　　"福"字反写的第十笔为平直横画，如图13-12所示。平直横画运笔的笔法参照"日"字第四笔的讲解。

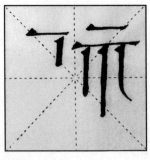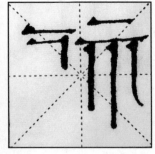

图13-9 "福"字反写第七笔：　图13-10 "福"字反写第八笔：
　　　曲角直竖　　　　　　　　 曲角横画

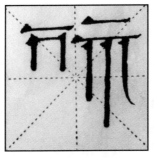 

图13-11 "福"字反写第九笔：　图13-12 "福"字反写第十笔：
　　　　曲角直竖　　　　　　　　　平直横画

"福"字反写的第十一笔为曲角直竖，如图13-13所示，同第四笔。

"福"字反写的第十二笔为曲角横画，如图13-14所示，同第一笔。

图13-13 "福"字反写第十一　图13-14 "福"字反写第十二
　　　　笔：曲角直竖　　　　　　　笔：曲角横画

"福"字反写的第十三笔为曲角直竖，如图13-15所示，同第四笔。

"福"字反写的第十四笔为平直横画，如图13-16所示，同第十笔。

图13-15 "福"字反写第十三　图13-16 "福"字反写第十四
　　　　笔：曲角直竖　　　　　　　笔：平直横画

"福"字反写的第十五笔为竖直直竖，如图13-17所示。竖直直竖的笔画特点为：笔画从上直竖向下，要竖直，宽度一致。

　　竖直直竖运笔的笔法为：用笔的中锋起笔，笔锋直竖向下，至末端停笔，然后用笔尖向上修笔，将笔画的右侧修齐，如图13-18所示。

　　"福"字反写的第十六笔为平直横画，如图13-19所示，同第十笔。

图13-17　"福"字反写第十五笔：竖直直竖　　图13-18　竖直直竖运笔的笔法　　图13-19　"福"字反写第十六笔：平直横画

第三节
"福"字的雕刻技艺

一、"福"字的正向雕刻刀法

　　"福"字的正向雕刻刀法共三十七刀，具体如下。

　　第一刀，在第一笔曲角横画的下方，如图13-20所示。运刀的刀法参照"三"字正刻第一刀的讲解。

　　第二刀，在第二笔曲角横画的下方，如图13-21所示。运刀的刀法同第一刀。

　　第三刀，在第六笔曲角横画的下方，如图13-22所示。运刀的刀法同第一刀。

　　第四刀，在第八笔曲角横画的下方，如图13-23所示。运刀的刀法同第一刀。

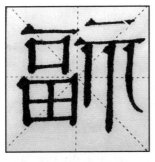
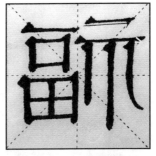

图13-20 "福"字正刻第一刀
运刀的刀法

图13-21 "福"字正刻第二刀
运刀的刀法

图13-22 "福"字正刻第三刀
运刀的刀法

图13-23 "福"字正刻第四刀
运刀的刀法

　　第五刀，在第十笔平直横画的下方，如图13-24所示。运刀的刀法参照"日"字正刻第二刀的讲解。

　　第六刀，在第十二笔曲角横画的下方，如图13-25所示。运刀的刀法同第一刀。

图13-24 "福"字正刻第五刀
运刀的刀法

图13-25 "福"字正刻第六刀
运刀的刀法

第七刀，在第十四笔平直横画的下方，如图13-26所示。运刀的刀法同第五刀。

第八刀，在第十六笔平直横画的下方，如图13-27所示。运刀的刀法同第五刀。

图13-26 "福"字正刻第七刀　　图13-27 "福"字正刻第八刀
运刀的刀法　　　　　　　　运刀的刀法

第九刀，在第一笔曲角横画三角形曲角的左上方，如图13-28所示。运刀的刀法参照"三"字正刻第四刀的讲解。

第十刀，在第二笔曲角横画三角形曲角的左上方，如图13-29所示。运刀的刀法同第九刀。

第十一刀，在第三笔曲角竖撇上端左侧三角形曲角的左上方，如图13-30所示。运刀的刀法为：贴着三角形曲角的左上方，用刀尖从右上向左下斜划一刀，划一条大约1mm深的痕迹。

第十二刀，在第三笔曲角竖撇上端左侧三角形曲角的左下方，如图13-31所示。运刀的刀法为：贴着三角形曲角的左下方，用刀尖从左上向右下斜划一

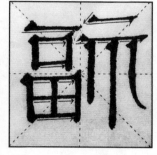

图13-28 "福"字正刻第九刀　　图13-29 "福"字正刻第十刀
运刀的刀法　　　　　　　　运刀的刀法

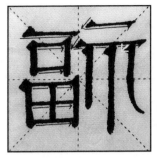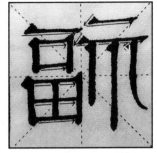

图13-30 "福"字正刻第十一刀 图13-31 "福"字正刻第十二刀
　　　运刀的刀法　　　　　　　 运刀的刀法

刀，划一条大约1mm深的痕迹。

　　第十三刀，在第三笔曲角竖撇的左下方，如图13-32所示。运刀的刀法
为：贴着曲角竖撇的左下方，用刀尖从上至右下划一个圆刀，划一条大约
1mm深的痕迹。

　　第十四刀，在第四笔曲角直竖上端左侧三角形曲角的左上方，如图13-33
所示。运刀的刀法参照"日"字正刻第四刀的讲解。

图13-32 "福"字正刻第十三刀 图13-33 "福"字正刻第十四刀
　　　运刀的刀法　　　　　　　 运刀的刀法

　　第十五刀，在第四笔曲角直竖上端左侧三角形曲角的左下方，如图13-34
所示。运刀的刀法参照"日"字正刻第八刀的讲解。

　　第十六刀，在第四笔曲角直竖的左侧，如图13-35所示。运刀的刀法参照
"日"字正刻第五刀的讲解。

　　第十七刀，在第四笔曲角直竖下端的左下方，如图13-36所示。运刀的刀
法参照"日"字正刻第六刀的讲解。

　　第十八刀，在第五笔曲角直竖上端左侧三角形曲角的左上方，如图13-37

图13-34 "福"字正刻第十五刀 图13-35 "福"字正刻第十六刀
　　　　运刀的刀法　　　　　　　　运刀的刀法

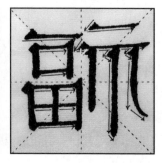

图13-36 "福"字正刻第十七刀 图13-37 "福"字正刻第十八刀
　　　　运刀的刀法　　　　　　　　运刀的刀法

所示。运刀的刀法同第十四刀。

　　第十九刀，在第五笔曲角直竖上端左侧三角形曲角的左下方，如图13-38
所示。运刀的刀法同第十五刀。

　　第二十刀，在第五笔曲角直竖的左侧，如图13-39所示。运刀的刀法同第
十六刀。

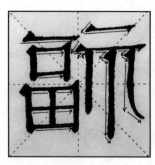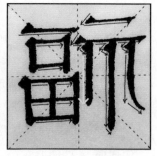

图13-38 "福"字正刻第十九刀 图13-39 "福"字正刻第二十刀
　　　　运刀的刀法　　　　　　　　运刀的刀法

第二十一刀，在第五笔曲角直竖下端的左下方，如图13-40所示。运刀的刀法同第十七刀。

第二十二刀，在第六笔曲角横画三角形曲角的左上方，如图13-41所示。运刀的刀法同第九刀。

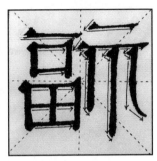

图13-40 "福"字正刻第二十一刀运刀的刀法　　图13-41 "福"字正刻第二十二刀运刀的刀法

第二十三刀，在第七笔曲角直竖上端左侧三角形曲角的左上方，如图13-42所示。运刀的刀法同第十四刀。

第二十四刀，在第七笔曲角直竖的左侧，如图13-43所示。运刀的刀法同第十六刀。

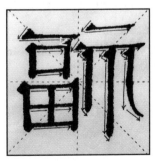
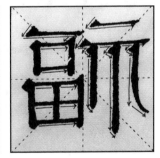

图13-42 "福"字正刻第二十三刀运刀的刀法　　图13-43 "福"字正刻第二十四刀运刀的刀法

第二十五刀，在第七笔曲角直竖下端的左下方，如图13-44所示。运刀的刀法同第十七刀。

第二十六刀，在第九笔曲角直竖上端左侧三角形曲角的左上方，如图13-45所示。运刀的刀法同第十四刀。

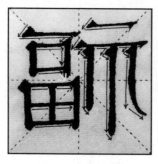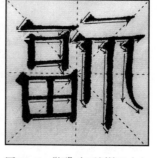

图13-44 "福"字正刻第二十五　　图13-45 "福"字正刻第二十六
刀运刀的刀法　　　　　　刀运刀的刀法

第二十七刀，在第九笔曲角直竖上端左侧三角形曲角的左下方，如图13-46所示。运刀的刀法同第十五刀。

第二十八刀，在第九笔曲角直竖的左侧，如图13-47所示。运刀的刀法同第十六刀。

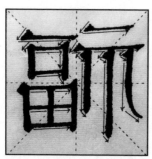
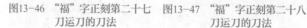

图13-46 "福"字正刻第二十七　　图13-47 "福"字正刻第二十八
刀运刀的刀法　　　　　　刀运刀的刀法

第二十九刀，在第九笔曲角直竖下端的左下方，如图13-48所示。运刀的刀法同第十七刀。

第三十刀，在第十一笔曲角直竖上端左侧三角形曲角的左上方，如图13-49所示。运刀的刀法同第十四刀。

第三十一刀，在第十一笔曲角直竖的左侧，如图13-50所示。运刀的刀法同第十六刀。

第三十二刀，在第十一笔曲角直竖下端的左下方，如图13-51所示。运刀的刀法同第十七刀。

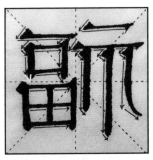
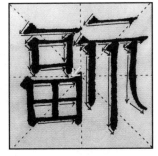

图13-48 "福"字正刻第二十九刀　　图13-49 "福"字正刻第三十刀
运刀的刀法　　　　　　　　　运刀的刀法

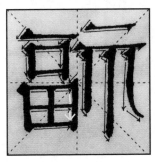
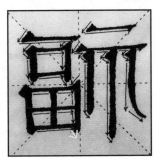

图13-50 "福"字正刻第三十一　　图13-51 "福"字正刻第三十二
刀运刀的刀法　　　　　　　　刀运刀的刀法

第三十三刀，在第十五笔竖直直竖的左侧，如图13-52所示。运刀的刀法为：贴着竖直直竖的左侧，用刀尖从上至下竖划一刀，划一条大约1mm深的痕迹。

第三十四刀，在第十三笔曲角直竖上端左侧三角形曲角的左上方，如图13-53所示。运刀的刀法同第十四刀。

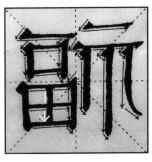
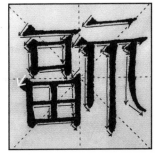

图13-52 "福"字正刻第三十三　　图13-53 "福"字正刻第三十四
刀运刀的刀法　　　　　　　　刀运刀的刀法

第三十五刀，在第十三笔曲角直竖上端左侧三角形曲角的左下方，如图13-54所示。运刀的刀法同第十五刀。

第三十六刀，在第十三笔曲角直竖的左侧，如图13-55所示。运刀的刀法同第十六刀。

第三十七刀，在第十三笔曲角直竖下端的左下方，如图13-56所示。运刀的刀法同第十七刀。

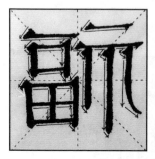
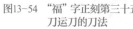

图13-54 "福"字正刻第三十五刀运刀的刀法　　图13-55 "福"字正刻第三十六刀运刀的刀法　　图13-56 "福"字正刻第三十七刀及正向去掉空白木头运刀的刀法

正向三十七刀划好后，将第六笔、第九笔、第十三笔左侧，第三笔、第四笔、第五笔、第十六笔下方的空白木头用斜刀去掉。

二、"福"字的反向雕刻刀法

"福"字的反向雕刻刀法共三十刀，具体如下。

第一刀，在第十三笔曲角直竖上端的左上方，如图13-57所示。运刀的刀法参照"日"字反刻第一刀的讲解。

第二刀，在第十六笔平直横画的下方，如图13-58所示。运刀的刀法参照"日"字反刻第二刀的讲解。

第三刀，在第十三笔曲角直竖的左侧，如图13-59所示。运刀的刀法参照"日"字反刻第三刀的讲解。将右上角方框内的空白木头用斜刀去掉。

第四刀，在第十五笔竖直直竖的左侧，如图13-60所示。运刀的刀法为：贴着竖直直竖的左侧，用刀尖从上至下竖划一刀，划一条大约1mm深的痕迹。将左上角方框内的空白木头用斜刀去掉。

图13-57 "福"字反刻第一刀 　图13-58 "福"字反刻第二刀
　　　　运刀的刀法　　　　　　　　　运刀的刀法

图13-59 "福"字反刻第三刀 　图13-60 "福"字反刻第四刀
　　　　及去掉空白木头运刀　　　　　及去掉空白木头运刀
　　　　的刀法　　　　　　　　　　　的刀法

　　第五刀，在第十四笔平直横画的下方，如图13-61所示。运刀的刀法同第
二刀。将左下、右下方框内的空白木头用斜刀去掉。

　　第六刀，在第十二笔曲角横画的下方，如图13-62所示。运刀的刀法参照
"三"字反刻第二刀的讲解。

图13-61 "福"字反刻第五刀 　图13-62 "福"字反刻第六刀
　　　　及去掉空白木头运刀　　　　　运刀的刀法
　　　　的刀法

第七刀，在第十二笔曲角横画三角形曲角的左下方，如图13-63所示。运刀的刀法参照"三"字反刻第三刀的讲解。将第十笔和第十二笔之间的空白木头用斜刀去掉。

第八刀，在第十一笔曲角直竖上端的左上方，如图13-64所示。运刀的刀法同第一刀。

图13-63 "福"字反刻第七刀　　图13-64 "福"字反刻第八刀
及去掉空白木头运刀　　　　运刀的刀法
的刀法

第九刀，在第十一笔曲角直竖的左侧，如图13-65所示。运刀的刀法同第三刀。将第五笔和第十一笔之间的空白木头用斜刀去掉。

第十刀，在第九笔曲角直竖上端的左上方，如图13-66所示。运刀的刀法同第一刀。

图13-65 "福"字反刻第九刀　　图13-66 "福"字反刻第十刀
及去掉空白木头运刀　　　　运刀的刀法
的刀法

第十一刀，在第十笔平直横画的下方，如图13-67所示。运刀的刀法同第二刀。

第十二刀，在第九笔曲角直竖的左侧，如图13-68所示。运刀的刀法同第

图13-67 "福"字反刻第十一刀 图13-68 "福"字反刻第十二刀
运刀的刀法 及去掉空白木头运刀
的刀法

三刀。将方框内的空白木头用斜刀去掉。

第十三刀，在第八笔曲角横画的下方，如图13-69所示。运刀的刀法同第六刀。

第十四刀，在第八笔曲角横画三角形曲角的左下方，如图13-70所示。运刀的刀法同第七刀。将第六笔和第八笔之间的空白木头用斜刀去掉。

图13-69 "福"字反刻第十三刀 图13-70 "福"字反刻第十四刀
运刀的刀法 及去掉空白木头运刀
的刀法

第十五刀，在第七笔曲角直竖上端的左上方，如图13-71所示。运刀的刀法同第一刀。

第十六刀，在第七笔曲角直竖的左侧，如图13-72所示。运刀的刀法同第三刀。将第五笔和第七笔之间的空白木头用斜刀去掉。

第十七刀，在第六笔曲角横画斜面曲角的左上方，如图13-73所示。运刀的刀法参照"三"字反刻第一刀的讲解。将斜面曲角左上方的空白木头，用斜刀去掉。

第十八刀，在第六笔曲角横画的下方，如图13-74所示。运刀的刀法同第六刀。

图13-71 "福"字反刻第十五刀
运刀的刀法

图13-72 "福"字反刻第十六刀
及去掉空白木头运刀
的刀法

图13-73 "福"字反刻第十七刀
及去掉空白木头运刀
的刀法

图13-74 "福"字反刻第十八刀
运刀的刀法

第十九刀，在第六笔曲角横画三角形曲角的左下方，如图13-75所示。运刀的刀法同第七刀。将第六笔下面的空白木头用斜刀去掉。

第二十刀，在第五笔曲角直竖上端的左上方，如图13-76所示。运刀的刀法同第一刀。将曲角直竖上端左上方的空白木头用斜刀去掉。

图13-75 "福"字反刻第十九刀
及去掉空白木头运刀
的刀法

图13-76 "福"字反刻第二十刀
及去掉空白木头运刀
的刀法

第二十一刀，在第五笔曲角直竖的左侧，如图13-77所示。运刀的刀法同第三刀。将第四笔、第五笔之间的空白木头用斜刀去掉。

第二十二刀，在第四笔曲角直竖上端的左上方，如图13-78所示。运刀的刀法同第一刀。

图13-77 "福"字反刻第二十一刀及去掉空白木头运刀的刀法　　图13-78 "福"字反刻第二十二刀运刀的刀法

第二十三刀，在第四笔曲角直竖的左侧，如图13-79所示。运刀的刀法同第三刀。将第三笔和第四笔之间的空白木头用斜刀去掉。

第二十四刀，在第三笔曲角竖撇的左下方，如图13-80所示。运刀的刀法为：贴着曲角竖撇的左下方，用刀尖从左上至右下划一个弧刀，划一条大约1mm深的痕迹。将第三笔左侧的空白木头用斜刀去掉。

图13-79 "福"字反刻第二十三刀及去掉空白木头运刀的刀法　　图13-80 "福"字反刻第二十四刀及去掉空白木头运刀的刀法

第二十五刀，在第二笔曲角横画斜面曲角的左上方，如图13-81所示。运刀的刀法同第十七刀。将斜面曲角左上方的空白木头用斜刀去掉。

第二十六刀，在第二笔曲角横画的下方，如图13-82所示。运刀的刀法同第六刀。

图13-81 "福"字反刻第二十五刀及去掉空白木头运刀的刀法　　图13-82 "福"字反刻第二十六刀运刀的刀法

第二十七刀，在第二笔曲角横画三角形曲角的左下方，如图13-83所示。运刀的刀法同第七刀。将第一笔和第二笔之间的空白木头用斜刀去掉。

第二十八刀，在第一笔曲角横画斜面曲角的左上方，如图13-84所示。运刀的刀法同第十七刀。将斜面曲角左上方的空白木头用斜刀去掉。

图13-83 "福"字反刻第二十七刀及去掉空白木头运刀的刀法　　图13-84 "福"字反刻第二十八刀及去掉空白木头运刀的刀法

第二十九刀，在第一笔曲角横画的下方，如图13-85所示。运刀的刀法同第六刀。

第三十刀，在第一笔曲角横画三角形曲角的左下方，如图13-86所示。运刀的刀法同第七刀。将第一刀下面的空白木头用斜刀去掉。

反向三十刀刻好后，将每个笔画的边缘、转角修齐，将字模的边角呈斜坡面全部修平。

图13-85 "福"字反刻第二十九
刀运刀的刀法

图13-86 "福"字反刻第三十刀
及去掉空白木头运刀
的刀法

木活字印刷术

印刷文化与技艺

第十四章

中国古籍相关文化知识

从传统技艺的角度来讲，古籍是指中国古代采用传统印刷、装帧等技艺制作的书籍。古籍在长期的发展过程中，形成了自身鲜明的特点。本章将对古籍的相关文化知识进行简单介绍。

一、古籍术语

古籍术语是指与中国古代书籍相关的一些专业性名词。了解古籍术语有助于增加关于中国古籍知识的认识，更好地理解中国的古籍文化，了解古人印刷、装帧技艺中体现的智慧。

1. 版面

古籍刻印中的版面是指雕版印刷或活字印刷中，用来雕刻、印刷的整个书版上面显示的所有信息的集合。

2. 版框

一张印版上面，在文字的四周会有边框，一般称为版框或边栏。根据版框印线的条数，可以分为四周单边、四周双边、左右双边等不同类型。如果是双边，一般会外粗内细，称为文武线。

3. 栏线

印版上面一行行用来分隔文字的竖线，一般称为栏线或界行。栏线用红色印刷的，称为朱丝栏；用黑色印刷的，称为乌丝栏。

4. 版心

一个印版中间的部分，一般称为版心，也称书口。在版心的位置，基本会刻印书籍的名称、卷次、页数、刻工姓名等信息，方便看书时查找。

5. 象鼻

象鼻指印版版心上下两端连接版框与鱼尾的黑线。版心正中间印有黑线的，称为黑口；没有印黑线的，称为白口。黑线粗的，称为大黑口、粗黑口；黑线细的，称为细黑口。书口的黑线可以在书页装帧折页时，作为对齐的标线。

6. 鱼尾

在印版版心，连着象鼻的位置，刻印有一种特殊符号。该符号整体形状像一条鱼的尾巴，人们称之为鱼尾。只刻一个鱼尾的，称为单鱼尾；刻两个鱼尾的，称为双鱼尾。印刷后，鱼尾为黑色的，称为黑鱼尾；鱼尾为白色的，称为白鱼尾。鱼尾上面有装饰图案的，称为花鱼尾。鱼尾可以起到装饰及装帧折页时对齐的作用。印有双鱼尾的古籍，有的两个鱼尾方向相同，有的两个鱼尾方向相对。

7. 书耳

书耳指刻印在版框左侧或右侧上端的小方框，里面一般印书籍的篇名、卷次，方便读者在阅读时快速翻检。

8. 书页

书页指按印版印刷好的一张张印页。图14-1为空白书页示意图。

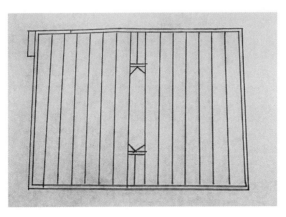

图14-1 空白书页示意图

9. 天头

天头，又称书眉，指书籍书页上端版框之外的空白部分。

10. 地脚

地脚指书籍书页下端版框之外的空白部分。一般天头比地脚长一倍。

11. 书眼

书眼指在书籍装帧时打的圆孔，也称书孔。古籍在装帧时，书孔在满足装帧需求的基础上越小越好，这样可以减少对书籍的损伤。

12. 书脑

书脑指线装书籍装帧线右侧的部分。

13. 书背

书背指线装书籍装帧线右侧部分的侧面，现在被称为书脊。

14. 书角

线装的精装书籍经常会单独在装帧线右侧的上下两端多加一层包裹，这层包裹称为书角，也称包角。不仅起到保护书籍的作用，也更美观。

15. 书首

书首指书籍上端的截面。

16. 书根

书根指书籍下端的截面。因为古籍开本较大，一般都是平放上架，所以书根有时用来写书的名称、卷次等，以方便查找。

17. 书衣

书衣，又称书皮，指加在书籍前后的两页硬质的纸（精装书籍有时会用锦缎），也就是现在书籍的封面和封底。图14-2为古籍示意图。

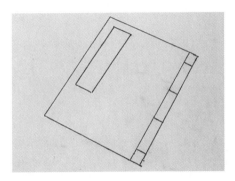

图14-2 古籍示意图

18. 护叶

装帧讲究的书籍往往在书衣下面单独多加几张空白的纸张，主要起到保护书籍的作用，这些纸张称为护叶。

19. 书芯

书芯指书籍除书衣之外的书页部分。

20. 签条

签条是贴在书籍正面书衣左上角的一个长方形纸条，也有锦缎材质的，上面用来写书名。讲究一些的书籍有时还会请名人题写签条，极大地增强了书籍的观赏性和收藏价值。

21. 牌记

牌记最早出现在宋代，位置一般在书籍的最前或最后面，主要是记载书籍的相关出版信息等，如书籍刻印的时间、地点、刻印者等，类似现在书籍的版权页，起到维护版权、广告宣传的作用。牌记一般是长方形或正方形，也有一些艺术化的不规则图形，如莲花、流云等中国传统图样。

22. 行款

行款指书页每页的行数和每行的字数。

23. 函套

函套是用硬纸板外面糊上布或锦缎做成的匣子。将装帧好的书籍放入函套里面，可以起到保护书籍的作用，主要保护书籍不被磨损，防止尘土，防止光线照射等。常见的函套有四合套、六合套等不同样式。四合套是书籍的前后、左右四个面被包裹；六合套是书籍的前后、左右、上下六个面都被包裹。

24. 别子

别子是别在函套上的小签，用来起到固定函套的作用，材质一般有木材、象牙、玉石等。

25. 书箱

为了更好地保护书籍或者为了搬运、携带方便，一些珍贵的大部头书籍还会用专门的书箱进行存放。一些用料考究的书箱会选用楠木、樟木、红木等上好的木材制成。

函套、书箱等保护书籍物品的出现，说明了古人对于书籍的爱护以及对于文化的尊重。

26. 巾箱本

巾箱本指开本很小的书籍，可以放在古人放头巾的木箱中。因为开本小、携带方便，还可以出行时放在衣袖中，所以又被称为袖珍本。巾箱本的出现一方面方便了人们出行时携带书籍，这说明了古人对于读书的热爱，他们将书籍随身携带，有空闲时间就会读书；另一方面由于制作巾箱本书版所需要的木材、印刷需要的纸张等较小，制作成本降低，书籍的价钱也大大降低，使下层的普通民众也有能力买得起书籍，这在一定程度上推动了文化的传播和社会文明的进步。

二、活字印刷版本的鉴别

古籍有一个漫长的发展、演变历史，不同朝代、不同地域制作的古籍具有各自的风格和特征。鉴别古籍版本是一门单独的学问。

采用活字印刷术制作的古籍与采用雕版印刷术制作的古籍相比，在版本方面主要体现出如下较为典型的特征。

（1）活字印刷版本的古籍在书页版框四个角连接的地方留有空隙。

（2）每条栏线与上下版框连接的地方留有空隙。

（3）版面的栏线有时会存在弯曲现象。

（4）整张书页的排版会有字体歪斜、侧倒、倒置的情况。

（5）整张书页上的字体存在大小不一的情况。

（6）整张书页印刷的墨色有时会浓淡不均。

（7）书页上的每个字之间没有相互交叉。

（8）整张书页没有断板、裂版的痕迹。

三、中国国家版本馆

中国国家版本馆是为更好地保藏、展示、传承中国的版本资源、文化而专门建设的场馆。整个场馆涵盖了"一总三分"的建馆体系，"一总"指位于北京昌平的中央总馆文瀚阁，"三分"分别指位于西安秦岭的文济阁、杭州余杭的文润阁、广州从化的文沁阁。"一总三分"的馆藏体系，实现了古籍的相互备份、异地保藏，以确保安全、永久保存。整个场馆在2022年7月30日正式对外开放。中国国家版本馆的建设，体现了新时代中国对于传统文化保护、建设的重视。

在中国历史上，也有类似中国国家版本馆的场所，如清朝的四库七阁。清朝乾隆皇帝命人编纂了中国历史上规模最大的一部丛书《四库全书》，整个过程耗时十五年（1773—1787年）。《四库全书》按经、史、子、集分为四大部类，可以说是卷帙浩繁、内容丰富，集历代典籍之大观，是中国古代文化也是世界文化的珍贵财富。为了更好地保存《四库全书》，乾隆皇帝下令在全国修建了七座藏书楼。先在北方修建了北四阁，也就是紫禁城内的文渊阁、沈阳文溯阁、圆明园文源阁、承德避暑山庄文津阁。因为北四阁都在宫禁之内，所以又称内廷四阁，主要供皇室使用。后又修建了南三阁，也就是扬州文汇阁、镇江文宗阁、杭州文澜阁。江南三阁对外开放阅览，对江浙一带的文化发展起到了一定作用。

清朝四库七阁和今天中国国家版本馆的修建，都是中华民族在自身发展历史过程的不同阶段对民族文化、典籍珍视的极好表现，是一个民族重视自己文脉传承、文化保护的重要举措。

木活字印刷术印刷工具

　　本章将对木活字印刷术印刷过程中用到的工具进行介绍，包括工具的名称、用途、使用注意事项等，以便正确认识和使用。

　　主要的印刷工具包括印版、下刷、上刷、木制墨盘、墨汁、宣纸、水碗、水勺、石蜡等。

一、印版

　　对于活字印刷来说，根据需要印刷的内容将对应的字模一一捡出，排到制作好的版框中，就形成了印版。本章讲解中，印版印刷的内容以中国传统蒙学文化经典《三字经》为例。根据《三字经》内容的特点，定制的版式是半页七行，每行十二个字，每三个字一组，版心是书名及学校名称，如图15-1所示。

图15-1　印版

二、下刷

　　下刷是在排好的印版上用来刷墨的刷子，如图15-2所示。下刷用棕丝扎成，形状是圆柱体，一般高15cm左右，粗细根据刷印版面的大小有不同尺寸。使用时，用手握住刷子上端麻绳缠绕的部分。

图15-2　下刷

三、上刷

上刷是在印版上铺好宣纸后，在宣纸上刷印的刷子，如图15-3所示。上刷也用棕丝制成，形状是元宝形。制作时，用麻绳将棕丝的两头相连，中间缠上小木棍，起到绞紧麻绳的作用；木棍下方卡上一个木块，作为刷印时手握的地方。根据刷印版面的大小，上刷有不同尺寸，一般使用的尺寸为长20～25cm。

图15-3　上刷

四、木制墨盘

温州东源一带传统谱师所用的墨盘一般为木头制成，尺寸是一尺（约33cm）见方；样式是从中间一分为二，分别用来储墨和匀墨。"木活字印刷术传统技艺与文化"课程中只用一个匀墨的墨盘，如图15-4所示，该墨盘也是木头制成的，长20～25cm，宽15cm，高2～3cm。

图15-4　木制墨盘

五、墨汁

　　根据不同的印刷需求，可以选用不同颜色、等级的墨汁。"木活字印刷术传统技艺与文化"课程教学中用来印刷的墨汁是一般的瓶装黑色墨汁，如图15-5所示。

图15-5　墨汁

六、宣纸

　　不同尺寸的印版需要的宣纸尺寸不一样。印刷前，根据需要印刷版面的大小，将宣纸裁切成相应的尺寸。"木活字印刷术传统技艺与文化"课程教学中使用的宣纸尺寸，根据《三字经》印版的尺寸确定，一般长45cm，宽35cm，如图15-6所示。

图15-6 宣纸

七、水碗、水勺

印刷前，需要先用清水湿润印版。印刷时，需要加入清水对墨汁进行调和。水碗就是用来盛放清水的。将适量清水放在操作台附近，需要加水时用水勺舀起些许倒在墨盘中。水碗、水勺没有具体的材质要求，一般瓷质、木质等材质都可以，如图15-7所示。水碗、水勺的大小根据具体印刷需要确定。

图15-7 水碗和水勺

八、石蜡

用上刷在宣纸上刷印时，需要用石蜡擦拭上刷的底端，使底端丝滑，便于刷印，避免出现棕丝磨破宣纸的情况。对于石蜡没有明确的要求，一般的工业用蜡就可以，如图15-8所示。

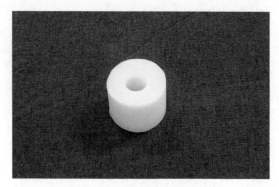

图15-8 石蜡

第十六章

木活字印刷术印刷技艺

一、准备工作

在印刷开始前，需做好所有准备工作。要选取一张合适的桌子作为印刷的操作台。因为印刷时一般采取站姿，所以桌子的高度以成人站立操作舒适为宜。桌面大小根据印刷的版面确定，一般以能够宽松地放置所有的印刷物品为宜。桌子要牢固，不能晃动，桌面要平整。印刷需要用到的物品如图16-1所示。

图16-1　印刷需要用到的物品

桌面摆放印刷工具时，一般将印版放在操作台的中间，右侧放上刷和下刷，左侧放宣纸，上侧放墨汁、墨盘、水碗、水勺、石蜡等。

二、水润印版

印版平时不用时，都是干燥后集中存放的，需要印刷时再将印版取出。因此，印刷前先要用清水将干燥的印版润湿，如图16-2所示。不同季节、环境下的天气干湿等情况并不相同，所以需要根据印刷时的具体情况，上水一至数次不等。上水时，用水勺从水碗中取适量清水倒在

图16-2　水润印版

墨盘中，用下刷蘸取清水轻刷印版，注意要刷均匀，而且所有的版面内容都要刷到。用清水刷过后，先将印版晾一会儿，直至水分蒸发到印版不再吃水，就可以进行印刷了。

三、宣纸折痕

按照印版尺寸裁切好的宣纸，在上版前需要先折一道痕迹，如图16-3所示。折痕时，将宣纸长的一边放在自己的面前，量取适合的宽度，左手将宣纸向上掀起，至折痕处轻按一下，右手沿着按痕轻轻向右压过。根据宣纸的不同大小，宣纸折痕的尺寸也不相同。"木活字印刷术传统技艺与文化"课程教学所用的宣纸，在下端折出痕迹的宽度为3~4cm。因为印刷时需要用到的宣纸较多，所以一般一次折多张宣纸备用。

图16-3　宣纸折痕

四、调和墨汁

温州传统谱师一般是将调好的墨汁先取适量倒在储墨格中，再用下刷蘸适量的墨汁在匀墨格中研磨均匀。据温州民间有经验的谱师所述，研磨时可以加入适量绍兴老酒，使印刷好的墨色鲜艳不褪。"木活字印刷术传统技艺与文化"课程中，直接在墨盘中调和墨汁和水。调和时先将适量墨汁倒在墨盘上，再加入适量清水，然后用下刷按一个方向研磨，直至水墨均匀，如图16-4所示。一定注意，倒的墨汁和水要适量，可以先少倒一些，不够再加。在不同的季节印刷，需要调和的墨汁浓稠度也不一样。

图16-4　调和墨汁

五、下刷上墨

刷水后晾好印版，再进行上墨，如图16-5所示。上墨时，用下刷蘸取适

图16-5　下刷上墨

量调和好的墨汁，从印版的左侧向右侧依次刷过。刷的时候注意用力要轻，动作要快，手速均匀。上墨后，要确认印版的整个版面都已刷到，而且墨色均匀。如果墨汁刷多了，印出的书页会模糊成一片，字迹无法辨认；墨汁刷少了，书页上字迹的墨色太淡，会看不清楚。这些都会极大地影响书籍的阅读、使用及美观效果。

六、宣纸上版

印版上好墨后，拿起事先折好痕迹的宣纸，进行宣纸上版，如图16-6所示。拿起宣纸时，注意两手虎口相对，呈八字形，用双手虎口分别轻轻捏住折痕两端，整张宣纸向上倾斜一定角度。然后目测一下，将宣纸的中缝与印版的版心基本对齐，再将宣纸折痕左侧与印版版框左下角对齐；用拇指将宣纸按住，再将宣纸折痕右侧与印版版框右下角对齐，整张宣纸轻轻铺到印版上。

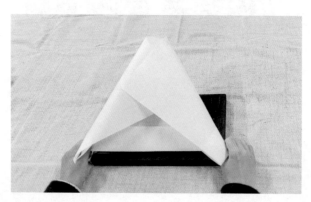

图16-6　宣纸上版

七、上刷刷印

宣纸铺好后，用左手拇指按住印版版框的左下角，用右手握住上刷的刷柄，先刷宣纸折痕以上的部分，如图16-7所示。刷印时，先刷上面的版框，再刷中间的版心及左右两侧的版面、边框。刷好后，打开折痕，刷宣纸下半部分。刷印时，用力要轻，动作要快，手速均匀，整张印版要全部刷到。刷完后，再整体确认一下，是否所有的印版内容都已刷到，包括字体、版框、栏线等，并且在纸背上显示清晰、吃墨均匀。

图16-7 上刷刷印

八、揭起完成

全部刷好后，从一侧用双手轻轻将宣纸揭起，一张书页就印刷好了，如图16-8所示。

图16-8 揭起完成

第四部分

木活字印刷术

装帧文化与技艺

第十七章

中国古籍装帧的演变历史

古籍对中国传统文化的保存和传播起到了非常重要的作用。中国古籍的装帧在历史上经历了一个漫长的发展和演变过程，主要包括简策、卷轴、册页三种形态。

第一节
简策

在中国古代，最早能够真正意义上被称为书籍的是先秦至汉时期的简策。当时，人们将竹子、木头按照一定的规格截取、削制成长度、宽窄一致的小片，然后用毛笔在上面书写。写在竹片上的，称为简；写在木片上的，称为牍。将一片片写好的简、牍用皮绳或麻绳等编串起来，就成为了简策，如图17-1所示。

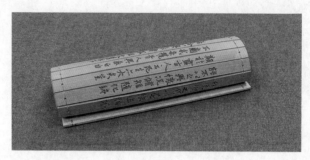

图17-1　简策

在中国传统文化中，有一些与简策相关的知识，举例如下。

"册"字在造字类型中属于象形字，其字形就像一片片被编串起来的竹片或木片。

"编"指串联简的绳子。成语"韦编三绝"讲的就是古时孔子勤于读书的故事。孔子当时阅读的书籍就是竹简形制。他在读《易经》时，因为书比较难读懂，所以多次反复翻看。由于翻书次数太多，以致串联竹简用的熟牛皮制成的绳子都断了。后来，"韦编三绝"就成为勤于苦读的代名词，也说明孔子能够成为先贤，与自己的勤苦读书密不可分。

简策制作时，因为选取的竹子有水分，所以要先进行杀青。杀青就是用火将竹片烘干，以防止发霉或虫蛀。竹片在烘烤时，会蒸发出水珠，人们称之为汗青。"汗青"一词后来逐渐用来代指史册。

随着历史的发展，人们需要记录的文字越来越多，简策已经远远不能满足书写的需求，成语"罄竹难书"就是一个证明。中国历史上的隋炀帝是荒淫残暴、劳民伤财的代名词。人们用"罄竹难书"来形容隋炀帝罪恶很多，难以说完。实际上，"罄竹难书"一方面说明了隋炀帝的罪过之多、之大，另一方面也说明了在竹简上书写字数的有限。还有一个能够说明简策书写字数有限的成语"学富五车"，讲的是战国时期惠施的故事。惠施是庄子的好朋友，曾提出了万物变动无常的主张，是名家学派的主要代表人物。惠施读书多，人们用"学富五车"描述他的学识渊博。惠施确实读书多，但之所以能够称得上"学富五车"，也主要是因为当时的书籍是简策的样子。

古代不同尺寸的简策，对应的用途也不一样。最长的是古代的三尺简，长度约等于今天的67.5cm，主要用来书写国家层面的诏书律令；第二种简，长古尺二尺四寸，约等于今天的56cm，多用于抄写儒家经典；第三种简，长古尺一尺，约等于今天的23cm，多用于书写书信，所以古人又称书信为尺牍。

第二节
卷轴

因为简策过于笨重，给阅读、携带、搬运带来很大的不便。根据《史记》记载，秦始皇每天批阅写在简策上的奏章，重量达数十千克。后来，人们开始用轻便的绢帛书写，但成本太高。随着造纸术的发明和改进，纸成为了人们书写的主要材料。人们最早在绢帛、纸张上面书写，是先写成长卷，再用轴从左侧向右侧卷起，这种装帧方式称为卷轴装，又称为卷子装，如图17-2所示。中国历史上的简策也是卷轴装的形制。

卷轴装的书籍主要由卷、轴、褾、带、别子、签几部分组成。卷是卷轴装书籍的主体部分，是书写文字的地方。轴是卷子卷起的部件，可以用不同的材料制成，一般常见的是用木头制成的木轴，贵重一些的轴可以用象牙制成。褾是卷子两端及上下空白的厚纸或锦缎，起到美观及保护卷子的作用，又称玉池。带是卷轴两端的丝带，用来捆扎卷好的卷子。别子是卷子用带

图17-2　卷轴装

捆好后，固定带的部件。签是卷轴上悬挂的用来写书名、卷数等内容的部件，方便人们看书时翻检。有的签直接题写在卷轴上。

卷轴装的书籍阅读时，按照抽架（将书从书架上拿下来）、解衣（解开书籍外面包裹的布套）、拔签（将题签从卷轴上取下来）、解带（解开捆扎卷子的丝带）、展卷（将书籍从右向左打开）、开始阅读的顺序进行。阅读时，书籍要慢慢打开，一边读，一边将读过的部分卷好。读完后，要反向重复上面的步骤，将书籍放好。

因为卷轴装书籍在阅读时不是十分方便，尤其是长幅的卷轴，阅读中间部分时更加不方便。因此，在隋唐时期出现了经折装，如图17-3所示。经折装是指将一幅长卷按照一定的尺寸一正一反折叠起来，前后各自加上一个硬的纸板作为封面，起到保护作用。经折装的书籍阅读时比卷轴装方便很多，但经折装的书籍还是长卷的形式，阅读时还是有一些不方便。

图17-3　经折装

唐代时，人们继续对书籍的装帧形式进行改进，出现了旋风装，如图17-4所示。旋风装是指先用一张长幅的纸做底，再将印好的书页分开粘贴。第一页全部粘贴在底上，从第二页开始，每一页只把书页的最右侧粘贴，不用时从右向左卷起。展开时，书页像旋风吹过一样，所以被称为旋风装。旋风装在一定程度上避免了卷轴装及经折装阅读不方便的缺点，是中国古代书籍由卷轴向册页发展的过渡阶段。

图17-4　旋风装

第三节
册页

册页装是中国古籍的最后一种装帧形态，这种形态的出现同样经历了一个逐步摸索、不断创新的过程。从中国古籍装帧形制演变的历史可以看出，中国传统文化中一直存在积极探索、不断创新、努力创造的精神。

最早的册页装形式是蝴蝶装，如图17-5所示。蝴蝶装起源于唐代，是将印页有字的一面对折，背面折痕处粘贴在一整张硬纸上。书籍打开时，书页如

图17-5　蝴蝶装

同蝴蝶一样翻飞，所以得名为蝴蝶装。蝴蝶装的装帧形式虽然改进了卷轴装的不足，但又出现了一些新的问题，主要是书籍翻页时会看到无字的页面，影响阅读时的美观效果。

发展到元末明初时，人们改为将印页无字的一面对折，将书页开口的地方粘贴在一整张硬纸上，避免了蝴蝶装翻页时出现无字页面的不足，这种装帧形式被称为包背装，如图17-6所示。但包背装的书籍也有一定的不足，就是书背的位置仅用糨糊进行粘贴，时间久了或书籍比较厚，书页会慢慢地散掉。

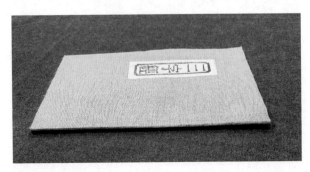

图17-6　包背装

到了明代，出现了中国古代书籍册页装的最后一种形式，也就是现在较为常见的线装。线装根据装帧的繁简程度，可以分为简装和精装两种形式。简装的线装书一般采用普通纸张作为封面，仅在书脑的位置打孔装帧；精装的线装书一般采用绫、绸等名贵的丝织物作为封面，不仅在书脑的位置打孔装帧，而且还在书角的位置单独包上丝织品进行加固，也就是俗称的包角。

线装书根据打孔孔数的多少，一般有四眼装、六眼装等不同类型，如图17-7和图17-8所示。

图17-7　线装——四眼装

图17-8　线装——六眼装

中国古籍线装装帧工具

　　本章将选取中国古籍装帧技艺中，在历史上出现的时间距离今天最近，也是人们相对比较熟悉的线装技艺进行讲解，包括线装装帧技艺所用工具的名称、用途、使用注意事项等，以便正确认识和使用。

　　在线装的装帧过程中，需要用到的专业工具主要包括订板、订线、订针、敲锤、搭尺、铁砧、直尺等。

一、订板

　　订板，又称端板，是书籍线装时操作的工作台，如图18-1所示。订板是一块平整的木板，大小根据装帧书籍的尺寸确定。"木活字印刷术传统技艺与文化"课程教学中所用的订板，大约长45cm，宽35cm，厚2cm。

图18-1　订板

二、订线

　　书籍线装时用到的订线，根据装帧书籍的厚薄、重要性等有不同的材质，如棉线、丝线等。一般比较薄的简装书籍选择棉线，大本的、厚的精装书籍选用真丝线。订线的直径一般为0.5～1.5mm。"木活字印刷术传统技艺与文化"课程选用的是真丝线，如图18-2所示。

图18-2 订线

三、订针

　　书籍装帧的订针没有特殊要求，一般的缝衣针就可以，如图18-3所示。根据书籍的厚薄程度，对应选择不同型号的订针。要注意的是，选用订针的针眼要大一些，便于穿线。

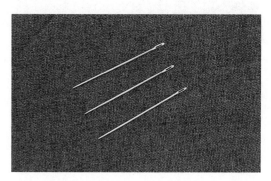

图18-3 订针

四、敲锤

　　敲锤是线装书籍内装、外装时用来打孔及敲平纸捻的木锤，如图18-4所示。敲锤用比较硬的木头制成，前端呈长方体，用来打孔及敲平纸捻；后端呈圆柱形，用来手握。"木活字印刷术传统技艺与文化"课程教学选用的敲锤，大约长30cm，宽6cm，高4cm。

五、教方

　　教方是一根长方体形状的木条，在装帧的过程中主要用来划线或压纸，如

图18-5所示。"木活字印刷术传统技艺与文化"课程教学选用的教方，大约长45cm，宽6cm，高3cm。

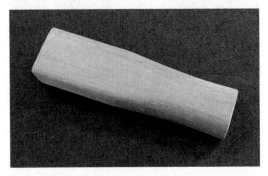

图18-4　敲锤

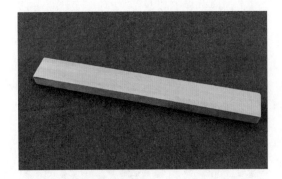

图18-5　教方

六、搭尺

　　搭尺主要是书籍裁切时使用，如图18-6所示。搭尺是一个T字形的木制

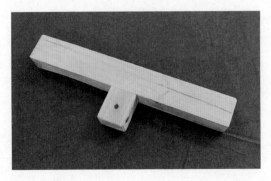

图18-6　搭尺

工具，主体是一根长木条，在木条的中间位置有一个把手，用来抓握。"木活字印刷术传统技艺与文化"课程教学选用的搭尺，主体木条大约长45cm，宽6cm，高4cm；把手大约长7cm，宽5cm，高4cm。

七、铁砧

铁砧在书籍内装、外装打孔时使用，如图18-7所示。铁砧一般是定制的，尾端呈长方体，中前端呈尖状，大约长15cm。

图18-7　铁砧

八、直尺

直尺在书籍确定打孔位置、量取书籍尺寸时使用，如图18-8所示。"木活字印刷术传统技艺与文化"课程教学中选用的是50cm长的钢尺。

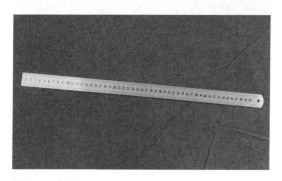

图18-8　直尺

九、裁纸刀

裁纸刀在裁切书籍书页、签条多余部分时使用，如图18-9所示。"木活字印刷术传统技艺与文化"课程教学中一般选用大号美工刀。

图18-9　裁纸刀

十、剪刀

剪刀在书籍修边、剪线时使用，如图18-10所示。"木活字印刷术传统技艺与文化"课程教学中一般选用15cm长的办公剪刀。

图18-10　剪刀

十一、水笔

水笔在标记书籍裁切划线位置以及内装、外装打孔位置时使用，如图18-11所示。"木活字印刷术传统技艺与文化"课程教学中一般选用中性水笔。

图18-11　水笔

十二、胶水

　　胶水在书籍装帧完成后用来粘贴签条，如图18-12所示。"木活字印刷术传统技艺与文化"课程教学中一般选用普通的透明胶水。

图18-12　胶水

十三、绵纸

　　古籍的线装装帧一般分为内装和外装两部分。内装时使用的是纸捻，所以内装又称纸捻装。这部分书籍装好后，不能被直接看到。外装时使用的是线，所以外装又称线装，这部分可以被直接看到。书籍内装的纸捻一般选用韧性强的白色绵纸，如图18-13所示。

图18-13 绵纸

十四、书衣

书衣也就是现代书籍的封面和封底，一般采用纸质，较为珍贵的书籍会选用布质、绸质等。温州谱师做谱时会选用具有当地地域文化特色的蓝靛布。"木活字印刷术传统技艺与文化"课程教学中选用的是A3规格的布质封面，如图18-14所示。

图18-14 书衣

第十九章

中国古籍线装技艺

一、准备工作

在线装开始前，要做好所有准备工作。先选取一张合适的桌子作为线装的操作台。因为线装时一般采取坐姿，所以桌子的高度以成人坐着操作舒适为宜。桌面大小根据装帧书籍的版面尺寸确定。桌子要牢固，不能晃动，桌面要平整。准备好线装技艺用到的物品，如图19-1所示。

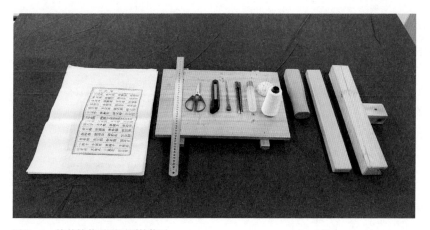

图19-1 线装技艺需要用到的物品

将线装需要用到的物品摆放在桌面上。一般将订板放在操作台的中间，左侧放需要线装的书页，右侧放敲锤、教方、搭尺等大型的装帧工具，订板上面放裁纸刀、剪刀、订线、订针等小型的工具。

二、分页

如果一套书版同时印刷几本或几十本，要先将所有印好的书页一套套分开。然后每套书页按照页码顺序整理好，将有字的页面向下，第一页放在最下面，最后一页放在最上面，书页天头朝左，地脚朝右，如图19-2所示。

图19-2　分好的书页

三、折页

将理好的书页一张张逐页拿起，进行折页，如图19-3所示。折页时，将每张书页放在订板上，按照书口上鱼尾的中线对折。对折时，注意有字的一面向外，无字的空白面向内。书页折好后，依次将书口朝左放在订板的右侧。注意折页时不要用力向两边拉，防止书口变形。

图19-3　折页

四、撴齐

将折叠好的书页全部拿起，书口向下，轻轻撴齐，如图19-4所示。再将书根向下，轻轻撴齐。如果书页稍微有些不齐，再次撴齐一下。注意撴齐时，手指不要将书页捏得太紧，太紧不便于书页调整；也不能太松，太松了书页容易滑散。

木活字印刷术传统技艺与文化

图19-4 撤齐

五、齐栏

书页撤齐后，放在订板上进行齐栏，如图19-5所示。齐栏时，书口朝内，天头朝左，地脚朝右。每张书页以书口下框黑线的外侧为准对齐。齐栏时，左手四指按住书页，拇指抵住书口，右手从上向下依次对齐。书页全部对齐后，用教方压住。

图19-5 齐栏

六、加书衣

将两张书衣分别对折，对折时布面向外，然后加在书页的上下两面。先将上面书衣对折后的第一页掀起，向折痕方向折叠三分之一。书页上下翻转，将另一张书衣的第一页掀起，向折痕方向折叠三分之一，如图19-6所示。

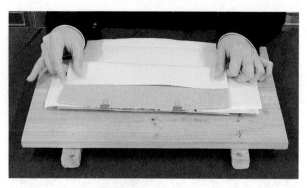

图19-6　书衣加好后折痕

七、确定纸捻装打孔位置

内装一共装两个纸捻，每个纸捻打两个孔。根据"木活字印刷术传统技艺与文化"课程教学所用书版的尺寸，每组纸捻孔中靠近书版上、下版框的那个孔距离版框外沿2cm，两个孔之间距离2cm。纸捻孔位置确定后，用中性水笔依次做好标记。注意，四个纸捻孔要保持在一条直线上，每个孔的位置距离书版的侧面版框一致，如图19-7所示。

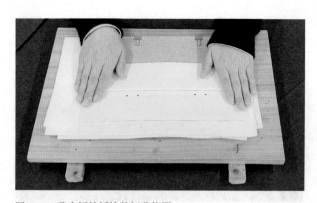

图19-7　确定好的纸捻装打孔位置

八、打纸捻孔

打纸捻孔时，将书页平放在订板上，用教方压好。然后用铁砧对准画好的纸捻孔，用敲锤敲击铁砧，依次打孔，如图19-8所示。注意，铁砧要垂直于纸捻孔，每个纸捻孔要穿透全部书页。但孔又不能打得太大，太大了对书页有损伤；也不能太小，太小了纸捻不容易穿过。

图19-8　打纸捻孔

九、搓纸捻

　　根据装帧书籍的厚度，将绵纸裁成合适尺寸的长方形。搓纸捻时，将绵纸先上下、再左右依次对折一次，用剪刀将其剪成菱形，最后搓成两头尖的纸捻，如图19-9至图19-11所示。一本书需要两个纸捻。注意，因为两个纸捻孔之间距离2cm，所以纸捻中间有2cm的部分不用搓。

图19-9　绵纸对折

图19-10　将绵纸剪成菱形

147

图19-11　搓好的纸捻

十、穿纸捻

穿纸捻前，将书页拉向自己，纸捻孔的部位悬空在订板外面。先拿起一根纸捻，将纸捻的一头穿过书页的纸捻孔，再穿另一头，然后从背面轻轻拉紧。两个纸捻依次穿好，如图19-12所示。

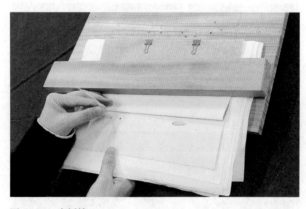

图19-12　穿纸捻

十一、敲平

两个纸捻全部穿好以后，将书页上下翻转，把纸捻拉紧并打结，如图19-13所示。因为打结的地方纸捻会厚一些，所以要用敲锤轻轻敲平，如图19-14所示。

图19-13　纸捻打结

图19-14　纸捻敲平

十二、裁边

书页纸捻装完成后，按照需要的尺寸，依次用水笔画好天头、地脚、书脑三边的裁边位置。"木活字印刷术传统技艺与文化"课程教学中这本书的裁切尺寸，长27cm，宽17cm。裁切时，用搭尺对齐画好的裁线，左手牢牢压住搭尺，右手用美工刀裁切，如图19-15所示。要注意安全，不要裁到手，并且注意裁切整齐。

十三、确定线装打孔位置

一般的书籍外装打四个孔，称为四眼装。较大、较厚的书籍或者讲究的书籍，在四眼的基础上，再在书脑的上下角各打一个孔，称为六眼装。"木活字印刷术传统技艺与文化"课程教学中学习的是较为简单的四眼装。

图19-15　裁边

　　根据这本书的尺寸，四个书孔与书背的距离为2cm。注意四个孔要保持在一条直线上，并与书背平行。四个孔中的第一孔和第四孔，分别距离书首、书根2cm。将第一孔和第四孔之间的距离三等分，确定另外两个孔的位置。依次用水笔将四个孔的位置标出，如图19-16所示。

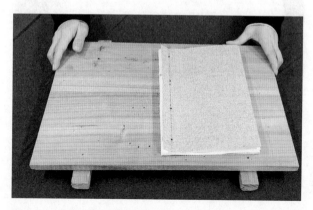

图19-16　确定好的线装打孔位置

十四、打线装孔

　　所有线装孔的位置确定好后，进行打孔，如图19-17所示。打孔时，要先把书页平放在订板上，用教方压住。然后，用铁砧对准画好的线装孔，注意铁砧垂直于线装孔，再用敲锤敲击铁砧，依次打孔。孔要打透，每个孔穿透全部书页。但孔又不能打得太大，太大了对书页有损伤；也不能太小，太小了线不容易穿过。

图19-17　打线装孔

十五、量线

　　根据要装帧书页的尺寸，量出适合装帧长度的订线，如图19-18所示。一般量取书页长度8倍长的线就够用了，如图19-19所示。

图19-18　量线

图19-19　量好的丝线

十六、穿线

　　将量好的订线穿入针眼。穿过后，线的两头要对齐，并在线的尾部打结，如图19-20所示。

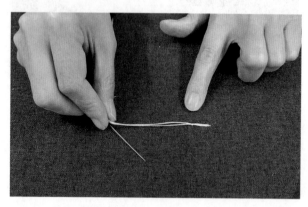

图19-20　线穿好后完成打结

十七、线装

　　线装时，将书页平放在操作台上，书背一侧靠近自己，封面在上，打好的线装孔悬空在操作台的外面，从最右侧开始订线。订线的具体步骤如下。

　　（1）先将书页书脑的右角抬起一部分，露出第一个线装孔。将针在抬起的地方，从第一个线装孔由上向下穿过，将线打结的地方留在书脑中间，如图19-21所示。然后将书页抬起的部分放下，用手捏住，开始进行后面的装订。这样就把打结的线头藏在书脑里面了，非常美观，这是古代装帧智慧的体现。

图19-21　藏线头

木活字印刷术传统技艺与文化

（2）从封底将线拉起，向上绕过书背，再从第一个线装孔将针穿下，如图19-22所示。注意，在整个线装的过程中，线每穿过一个线装孔后都要拉紧。但不宜太紧，订线的两股要平行、美观。

图19-22　线装（1）

（3）将书翻转，向右将针从第二个线装孔穿下，从书底将线拉起，向上绕过书背，再从第二个线装孔穿下，如图19-23所示。

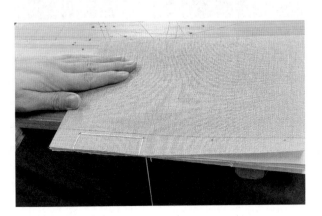

图19-23　线装（2）

（4）将书翻转，向左从第三个线装孔将针穿下，从书底将线拉起，向上绕过书背，再从第三个线装孔将针穿下，如图19-24所示。

（5）将书翻转，向右从第四个线装孔将针穿下，从书底将线拉起，向上绕过书背，再从第四个线装孔将针穿下，如图19-25所示。

图19-24　线装（3）

图19-25　线装（4）

（6）从书底将线拉起，绕过书根，再次从第四个线装孔将针穿下，如图19-26所示。

（7）将书翻转，向右从第二个线装孔将针穿下，如图19-27所示。

图19-26　线装（5）

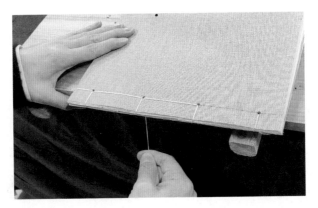

图19-27　线装（6）

（8）将书翻转，向左从第三个线装孔将针穿下，如图19-28所示。

（9）将书翻转，向右从第四个线装孔将针穿下，如图19-29所示。

（10）从书底将线拉起，绕过书首，再次将线从第四个线装孔穿下，如图19-30所示。

图19-28　线装（7）

图19-29　线装（8）

图19-30　线装（9）

（11）将书翻转，针从线装孔周围的一根线下穿过，形成一个线圈，将针从线圈中向下穿过，拉紧、打结，如图19-31所示。为了牢固，可以重复刚才的步骤，将针从另一根线下穿过，再打一个一样的结。

（12）将针从线装孔穿入，从书脑的中间部分穿出，将线拉紧剪断，如图19-32所示。

图19-31　绕线圈打结

图19-32　剪断订线

（13）全部订完后，检查是否所有的线装孔都已订到，没有漏穿，如图19-33所示。

（14）所有的线订好后，用针进行调整，将线拨直、拨正，如图19-34所示。

图19-33　线装完成

图19-34　调整订线

十八、贴签条

签条，也就是书名。"木活字印刷术传统技艺与文化"课程要装订书籍的书名是由一个小的印版印刷而成的。贴签条的具体步骤如下。

（1）将印刷好的签条按照需要的尺寸裁好。根据本书的尺寸，签条左右版框的外侧留大约0.5cm，上下版框的外侧留1cm。用美工刀将多余的部分裁去，裁好的签条如图19-35所示。

图19-35　裁好的签条

（2）在签条的背面均匀地涂上胶水。注意，胶水要涂满，但不能太多，太多则签条容易破；也不能太少，太少了粘贴不牢固，时间久了，签条容易掉落。把签条轻轻地贴在封面的左上角，如图19-36所示。贴签条的位置，距离书口大约3cm，距天头大约2cm。

图19-36　贴上签条

（3）签条贴好后，将一张干净的宣纸平放在签条上，用手将签条抚平、贴实，将多余的胶水吸干，如图19-37所示。

图19-37　用宣纸抚平签条

木活字印刷术传统技艺与文化

[1] 郑玄笺. 诗经 [M]. 北京：中华书局，2015.

[2] 纪昀. 文渊阁四库全书 [M]. 影印本. 上海：上海古籍出版社，1987.

[3] 续修四库全书编委会. 续修四库全书 [M]. 影印本. 上海：上海古籍出版社，2002.

[4] 王文章. 非物质文化遗产保护研究 [M]. 北京：文化艺术出版社，2013.

[5] 王文章. 非物质文化遗产概论 [M]. 修订本. 北京：教育科学出版社，2013.

[6] 宋俊华，王开桃. 非物质文化遗产保护研究 [M]. 广州：中山大学出版社，2013.

[7] 中科院知识产权中心. 非物质文化遗产保护问题研究 [M]. 北京：知识产权出版社，2012.

[8] 牟延林，谭宏，刘壮. 非物质文化遗产概论 [M]. 北京：北京师范大学出版社，2010.

[9] 叶晗. 世界遗产保护启示录 [M]. 杭州：浙江工商大学出版社，2013.

[10] 吴小淮. 梨墨春秋——瑞安木活字印刷影像志 [M]. 上海：上海印书馆，2010.

[11] 杨菁，黄友金. 瑞安东源：再现木活字印刷 [M]. 杭州：浙江大学出版社，2011.

[12] 吴小淮. 木活字印刷技术 [M]. 杭州：浙江摄影出版社，

2012.

［13］邹毅. 证验千年活版印刷术［M］. 北京：中国社会科学出版社，2010.

［14］李万健. 中国古代印刷术［M］. 2版. 郑州：大象出版社，2009.

［15］辛德勇. 中国印刷史研究［M］. 北京：生活·读书·新知三联书店，2016.

［16］许慎. 说文解字［M］. 北京：中华书局，2013.

［17］万献初，刘会龙. 说文解字十二讲［M］. 北京：中华书局，2019.

［18］董作宾，董敏. 甲骨文的故事［M］. 海口：海南出版社，2015.

［19］董琨. 中国汉字源流［M］. 北京：商务印书馆国际有限公司，2017.

［20］王朝忠. 汉字源流字典［M］. 成都：四川辞书出版社，2021.

［21］刘元春. 汉字文化导论［M］. 北京：北京大学出版社，2021.

［22］李乐毅. 汉字演变五百例［M］. 2版. 北京：北京语言大学出版社，2013.

［23］李乐毅. 汉字演变五百例：续编［M］. 2版. 北京：北京语言大学出版社，2015.

［24］黄鹏. 书斋的瑰宝：笔墨纸砚［M］. 北京：文津出版社，2013.

［25］季孙歆. 笔墨纸砚［M］. 合肥：黄山书社，2016.

［26］黄永年. 古籍版本学［M］. 2版. 南京：江苏凤凰教育出版社，2009.

［27］曹之. 中国古籍版本学［M］. 3版. 武汉：武汉大学出版社，2015.

［28］魏隐儒，王金雨. 古籍版本鉴定丛谈［M］. 北京：中国社会科学出版社，2017.

［29］马学良. 明代内府刻书考［M］. 上海：上海古籍出版社，

木活字印刷术传统技艺与文化

2021.

［30］顾志兴. 钱塘江藏书与刻书文化［M］. 杭州：杭州出版
社，2014.

［31］陈心蓉. 嘉兴刻书史［M］. 合肥：黄山书社，2013.

［32］董捷. 版画及其创造者：明末湖州刻书与版画创作［M］.
杭州：中国美术学院出版社，2015.

［33］徐学林. 徽州刻书［M］. 合肥：安徽人民出版社，2005.

［34］方维保，汪应泽. 徽州古刻书［M］. 沈阳：辽宁人民出版
社，2004.

［35］刘尚恒. 徽州刻书与藏书［M］. 扬州：广陵书社，2003.

［36］谢水顺，李珽. 福建古代刻书［M］. 福州：福建人民出版
社，1997.

［37］方彦寿. 福建历代刻书家考略［M］. 北京：中华书局，
2020.

［38］吴世灯. 清代四堡书坊刻书［M］. 福建：福建人民出版
社，2021.

［39］寻霖，刘志盛. 湖南刻书史略［M］. 长沙：岳麓书社，
2013.

［40］西野嘉章. 装订考［M］. 王淑仪，译. 北京：中信出版
社，2018.

［41］杜伟生. 中国古籍修复与装裱技术图解［M］. 北京：中华
书局，2013.

［42］潘美娣. 古籍修复与装帧：增补本［M］. 2版. 上海：上
海人民出版社，2013.

［43］余江苇. 中国传统装裱修复技艺［M］. 西安：西安电子科
技大学出版社，2019.

【后记】

　　印刷术作为中国古代四大发明之一，是中华民族先贤在长期的生产和生活中发明、创造、创新的结果，具有重要的科技文化价值。印刷术在发展的漫长历史过程中，被多次记入文献。例如，北宋沈括的《梦溪笔谈》对毕昇发明胶泥活字并用来印刷的事件进行了记载；元朝王祯在《农书》中对自己试制木活字并成功印刷《旌德县志》的事件进行了记载；清朝《武英殿聚珍版程式》对乾隆年间历史上规模最大的木活字印书相关情况进行了记载。

　　印刷术作为一项传统技艺，历经历史的岁月流传至今。我们作为中华儿女应该感到自豪和珍惜，也要义不容辞地担负起当代保护和传承的重任。对于传承至今的印刷术，包括本书的木活字印刷术，从政府到学界、民间、媒体，各方都从不同的视角，以文字、图片、影像等形式进行了一些关注和研究。

　　本人一直喜欢中国的传统文化，所以硕博期间选择从事中国古代史方向的研究。2011年，来温州工作并开始触及号称"东瓯"故地的这方地域，了解这里的风土人情、文化精神，尤其是这里的宗族文化。自然也就在文献查找、田野调查的过程中，接触到了用木活字印刷术印制的宗谱和藏有这些宗谱的古朴、素美的祠堂。因为工作的原因，2014年初去到瑞安东源，第一次见到了木活字印刷术这项古老的技艺，也就此结下了自己人生历程中与这项传统技艺的缘分。

　　2014年初，浙江工贸职业技术学院将这项技艺引入学校，设立木活字印刷工作室。本人作为工作室负责人，也开启了木活字印刷术在高校传承模式的探索与尝试。我的历史学古代史研究基础以及学校木活字印刷术传承需要，使我巧妙而又自然地形成了自己在木活字印刷术传承方面的特色。也就是在本书前言中所说的，不仅传承木活字印刷术传统技艺，还注重对技艺相关文化知识及其内涵的挖掘，注重将技艺及其文化价值与新时代高校的育人需求相结合，也就水到渠成地有了本书内容的呈现。

木活字印刷术传统技艺及其所属的印刷术，是一项古老、伟大、智慧的成就，也必将被继续保护、传承下去。本书内容是对自己2014年以来木活字印刷术相关研究、教学等传承实践的总结。今后随着研究、传承工作的持续开展、不断深入，自己对这项技艺及其相关文化价值的认识和在教学中的体会也会发生变化，将来会有后续的内容继续呈现出来。这也是在此书写完之时，我内心发出的声音，不忘本心，期许未来。

王春红

2024年1月

后记